应用型本科 机械类专业"十三五"规划教材

# 液压与气压传动

# 课程设计指导书

杨大春 戴子华 编著

西安电子科技大学出版社

## 内 容 简 介

本书的学习目的在于使学生综合运用液压与气压传动课程及其他先修课程的理论知识和生产实际知识，进行液压传动的设计实践，从而使所学知识得到进一步的巩固、加深和拓展。本书共六章，内容包括明确设计任务及进行工况分析、拟定液压系统原理图、液压系统参数设计与液压元件的计算选择、液压系统的性能验算、绘制工作图和编写技术文件、液压系统设计计算举例。

本书可作为普通本科院校机械和机电一体化类专业以及相近专业的教材，也可作为高职、高专和高级技校等院校机械与机电一体化类专业的教材，还可供有关工程技术人员参考。

**图书在版编目(CIP)数据**

液压与气压传动课程设计指导书/杨大春，戴子华编著. －西安：西安电子科技大学出版社，2017.5(2023.4重印)
ISBN 978 - 7 - 5606 - 4470 - 7

Ⅰ. ① 液… Ⅱ. ① 杨… ② 戴… Ⅲ. ① 液压传动－高等学校－教学参考资料 ② 气压传动－高等学校－教学参考资料 Ⅳ. ① TH137 ② TH138

中国版本图书馆 CIP 数据核字(2017)第 086505 号

| 策 划 | 高樱 |
| 责任编辑 | 杨璠 |
| 出版发行 | 西安电子科技大学出版社(西安市太白南路2号) |
| 电 话 | (029)88202421 88201467 邮 编 710071 |
| 网 址 | www.xduph.com 电子邮箱 xdupfxb001@163.com |
| 经 销 | 新华书店 |
| 印刷单位 | 咸阳华盛印务有限责任公司 |
| 版 次 | 2017 年 5 月第 1 版 2023 年 4 月第 6 次印刷 |
| 开 本 | 787 毫米×1092 毫米 1/16 印张 4 |
| 字 数 | 82 千字 |
| 印 数 | 10 501～13 500 册 |
| 定 价 | 12.00 元 |

ISBN 978 - 7 - 5606 - 4470 - 7/TH

**XDUP 4762001 - 6**

＊＊＊如有印装问题可调换＊＊＊

## 应用型本科 机械类专业"十三五"规则教材

# 编审专家委员会名单

# 前言
QIANYAN

本书以液压与气压传动工程技术为背景，取材实用，力求反映我国液压与气压传动实践教育的教学特点。

液压与气压传动课程设计是机械设计制造及其自动化专业的主要专业基础课和必修课，是在完成液压与气压传动课程理论教学后设置的重要实践教学环节。本书的学习目的在于使学生综合运用液压与气压传动课程及其他先修课程的理论知识和生产实际知识，进行液压传动的设计实践，使理论知识和生产实际紧密结合，从而使所学知识得到进一步的巩固、加深和拓展。通过课程设计环节的实际训练，也为后续专业课程的学习、毕业设计及解决工程问题打下良好基础。

液压与气压传动课程设计是机械设计制造及其自动化专业学生在学习液压与气压传动理论课后的一次设计训练，是一个重要的教学环节，其基本目的如下：

(1) 培养理论联系实际的正确设计思想，训练综合运用已经学过的理论知识和生产实际知识去分析及解决工程实际问题的能力。

(2) 通过本环节的训练，学习液压与气压传动设计的一般方法，使学生能与工程实际问题进行有机结合，真正做到理论联系实际，解决工程实际问题。

(3) 进行基本技术技能训练，如计算，绘图，运用设计资料、手册、标准、规范以及使用经验数据，进行经验估算和数据处理等。

(4) 培养学生的创新能力。

本书共六章，第一章为明确设计任务及进行工况分析，第二章为拟定液压系统原理图，第三章为液压系统参数设计与液压元件的计算选择，第四章为液压系统的性能验算，第五章为绘制工作图和编写技术文件，第六章为液压系统设计计算举例。

本课程设计是一项全面的设计训练，不仅可巩固所学的理论知识，还可为以后的其他设计工作打好基础。在设计过程中必须严肃认真、刻苦钻研、一丝不苟。

本课程设计应在教师指导下独立完成。教师的指导作用是指明设计思路，启发学生独立思考，解答疑难问题，按设计进度进行阶段审查。学生必须发挥主观能动性，积极思考问题，不应被动地依赖教师来查资料、给数据、定方案。

本课程设计中，要正确处理参考已有资料与创新的关系。利用已有资料可以避免许多重复工作，加快设计进程，同时也是提高设计质量的保证，但任何新的设计任务总有其特定的设计要求和具体的工作条件，要求不能盲目地抄袭资料，必须具体分析，创造性地设计。本课程设计中，学生应按设计进程要求完成规定的设计任务。

本书可作为普通本科院校机械和机电一体化类专业以及相近专业的教材，也可作为高职、高专和高级技校等院校机械和机电一体化类专业的教材，还可供有关工程技术人员参考。

本书由淮阴工学院杨大春、戴子华共同编写。

限于作者水平，书中难免有不妥之处，敬请广大读者指正！

编　者

2016 年 12 月

# 目录
MULU

**概　述** ⋯⋯⋯⋯⋯⋯⋯⋯⋯⋯⋯⋯⋯⋯⋯⋯⋯⋯⋯⋯⋯⋯⋯⋯⋯⋯⋯⋯⋯ 1

一、液压与气压传动课程设计的目的 ⋯⋯⋯⋯⋯⋯⋯⋯⋯⋯⋯⋯⋯⋯ 1

二、液压与气压传动课程设计的基本要求 ⋯⋯⋯⋯⋯⋯⋯⋯⋯⋯⋯ 1

三、液压与气压传动课程设计的内容 ⋯⋯⋯⋯⋯⋯⋯⋯⋯⋯⋯⋯⋯⋯ 1

四、课程设计安排及其他 ⋯⋯⋯⋯⋯⋯⋯⋯⋯⋯⋯⋯⋯⋯⋯⋯⋯⋯⋯⋯ 2

**第一章　明确设计任务及进行工况分析** ⋯⋯⋯⋯⋯⋯⋯⋯⋯⋯⋯⋯ 4

一、明确设计任务 ⋯⋯⋯⋯⋯⋯⋯⋯⋯⋯⋯⋯⋯⋯⋯⋯⋯⋯⋯⋯⋯⋯⋯ 4

二、工况分析 ⋯⋯⋯⋯⋯⋯⋯⋯⋯⋯⋯⋯⋯⋯⋯⋯⋯⋯⋯⋯⋯⋯⋯⋯⋯ 4

**第二章　拟定液压系统原理图** ⋯⋯⋯⋯⋯⋯⋯⋯⋯⋯⋯⋯⋯⋯⋯⋯ 10

一、油路循环方式的分析与选择 ⋯⋯⋯⋯⋯⋯⋯⋯⋯⋯⋯⋯⋯⋯⋯⋯ 10

二、开式系统油路组合方式的分析与选择 ⋯⋯⋯⋯⋯⋯⋯⋯⋯⋯⋯ 10

三、调速方案的分析与选择 ⋯⋯⋯⋯⋯⋯⋯⋯⋯⋯⋯⋯⋯⋯⋯⋯⋯⋯ 13

四、液压基本回路的分析与选择 ⋯⋯⋯⋯⋯⋯⋯⋯⋯⋯⋯⋯⋯⋯⋯⋯ 15

五、液压系统原理图的拟定 ⋯⋯⋯⋯⋯⋯⋯⋯⋯⋯⋯⋯⋯⋯⋯⋯⋯⋯ 16

**第三章　液压系统参数设计与液压元件的计算选择** ⋯⋯⋯⋯⋯ 17

一、液压系统参数设计 ⋯⋯⋯⋯⋯⋯⋯⋯⋯⋯⋯⋯⋯⋯⋯⋯⋯⋯⋯⋯ 17

二、液压执行元件的设计计算与选用 ⋯⋯⋯⋯⋯⋯⋯⋯⋯⋯⋯⋯⋯ 17

三、液压能源装置设计 ⋯⋯⋯⋯⋯⋯⋯⋯⋯⋯⋯⋯⋯⋯⋯⋯⋯⋯⋯⋯ 23

四、液压控制元件的选用与设计 ⋯⋯⋯⋯⋯⋯⋯⋯⋯⋯⋯⋯⋯⋯⋯⋯ 29

五、液压系统密封装置的选用与设计 ⋯⋯⋯⋯⋯⋯⋯⋯⋯⋯⋯⋯⋯ 30

**第四章　液压系统的性能验算** ⋯⋯⋯⋯⋯⋯⋯⋯⋯⋯⋯⋯⋯⋯⋯⋯ 32

一、液压系统压力损失的验算 ⋯⋯⋯⋯⋯⋯⋯⋯⋯⋯⋯⋯⋯⋯⋯⋯⋯ 32

二、液压系统发热温升的验算 ⋯⋯⋯⋯⋯⋯⋯⋯⋯⋯⋯⋯⋯⋯⋯⋯⋯ 32

**第五章　绘制工作图和编写技术文件** ·························· 34

一、绘制工作图 ·············································· 34

二、编写技术文件 ············································ 36

**第六章　液压系统设计计算举例** ······························ 38

一、设计要求 ················································ 38

二、负载与运动分析 ·········································· 38

三、确定液压系统主要参数 ···································· 39

四、拟定液压系统原理图 ······································ 46

五、计算和选择液压件 ········································ 48

六、验算液压系统性能 ········································ 51

# 概　　述

## 一、液压与气压传动课程设计的目的

本课程是机械设计制造及其自动化专业的主要专业基础课和必修课，是在完成液压与气压传动课程理论教学后设置的重要实践教学环节。本课程的学习目的在于使学生综合运用液压与气压传动课程及其他先修课程的理论知识和生产实际知识，进行液压传动的设计实践，使理论知识和生产实际紧密结合，从而使所学知识得到进一步的巩固、加深和拓展。通过课程设计环节的实际训练，为后续专业课程的学习、毕业设计及解决工程问题打下良好基础。

## 二、液压与气压传动课程设计的基本要求

（1）本课程设计是一项全面的设计训练，不仅可巩固所学的理论知识，还可为以后的其他设计工作打好基础。在设计过程中必须严肃认真、刻苦钻研、一丝不苟。

（2）本课程设计应在教师指导下独立完成。教师的指导作用是指明设计思路，启发学生独立思考，解答疑难问题，按设计进度进行阶段审查。学生必须发挥主观能动性，积极思考问题，不应被动地依赖教师来查资料、给数据、定方案。

（3）本课程设计中，要正确处理参考已有资料与创新的关系。利用已有资料可以避免许多重复工作，加快设计进程，同时也是提高设计质量的保证，但任何新的设计任务总有其特定的设计要求和具体工作条件，要求不能盲目地抄袭资料，必须具体分析，创造性地设计。

（4）本课程设计中，学生应按设计进程要求完成规定的设计任务。

## 三、液压与气压传动课程设计的内容

### 1. 明确设计任务，对液压系统工况进行分析

液压系统设计是整个机械装备设计的一部分。应根据机械装备的用途、特点和要求，明确液压系统设计的任务要求，对机械装备的工作情况进行详细的分析，一般应考虑以下几个方面的内容：

（1）确定该机械装备的哪些运动需要液压传动来完成。

（2）确定各运动的工作顺序和各执行元件的工作循环。

（3）确定液压系统的主要工作性能，包括执行元件的运动方式、速度范围、负载条件及其变化条件、运动的平稳性和精度、工作可靠性要求等。

### 2. 拟定液压系统原理图

在拟定液压系统原理图时，一般应考虑以下几个问题：

(1) 确定执行机构的运动形式。

(2) 确定调速方案和速度换接方法。

(3) 确定如何完成执行机构的自动循环和顺序动作。

(4) 明确系统的调压、卸荷，执行机构换向、安全互锁等要求。

**注意**：在液压系统原理图中，应该附有运动部件的动作循环图和电磁铁的动作顺序表。

### 3. 液压系统的计算和液压件的选择

液压系统的计算是确定液压系统主要参数的依据，计算结果用于选择液压件和设计非标元件。计算步骤如下：

(1) 计算液压缸的主要尺寸及其所需的压力和流量。

(2) 计算液压泵的工作压力、流量和驱动功率。

(3) 选择液压泵和驱动电机的型号与规格。

(4) 选择阀类元件和辅助元件的型号与规格。

### 4. 验算液压系统性能

经过液压系统的计算和液压件的选择后，需对液压系统的压力损失和系统发热温升进行必要的验算，当验算出现较大的偏差时，应重新计算和选择液压件。

### 5. 绘制正式工作图，编写技术文件

绘制液压系统原理图，设计液压缸结构，绘制液压缸装配图和指定的非标件零件图，编写设计说明书。

## 四、课程设计安排及其他

### 1. 课程设计安排

课程设计安排见表 0-1。

表 0-1 课程设计安排

| 阶 段 | 主 要 内 容 | 时间安排 |
|---|---|---|
| 设计准备 | (1) 阅读、研究设计任务书，明确设计内容和要求，了解原始数据和工作条件；<br>(2) 收集有关资料并进一步熟悉课题 | 10% |
| 液压系统设计计算 | (1) 明确设计要求，进行工况分析；<br>(2) 确定液压系统主要参数；<br>(3) 拟定液压系统原理图；<br>(4) 计算和选择液压件；<br>(5) 验算液压系统性能 | 20% |
| 绘制工作图 | (1) 绘制液压缸装配图及零件图；<br>(2) 绘制正式的液压系统原理图 | 40% |
| 编写技术文件 | 编写设计计算说明书 | 20% |
| 答辩 | 整理资料，答辩 | 10% |

**2. 学生应完成的工作**

（1）液压系统原理图（板式连接或叠加阀连接）1 幅（A3）。

（2）液压缸装配图 1 幅（A2）。

（3）液压缸缸体、活塞零件图各 1 幅（A3）。

（4）设计计算说明书一份。

**3. 液压传动课程设计时长**

液压传动课程设计时长为一周。

# 第一章 明确设计任务及进行工况分析

液压系统设计是液压传动课程设计的重要内容之一。经验法是液压系统设计的主要方法，其具体步骤包括：明确任务及进行工况分析→拟定系统原理图→计算、选择液压元件→验算→绘制工作图，编写技术文件。

## 一、明确设计任务

在液压系统设计中主要需明确以下问题：

（1）液压系统的动作和性能要求，如执行元件的运动方式、行程、速度范围、负载条件、运动的平稳性和精度、工作循环和动作周期、同步或联锁要求、工作可靠性要求等。

（2）液压系统的工作环境，如环境温度、湿度，尘埃、通风情况，是否易燃，外界冲击震动情况及安装空间的大小等。

## 二、工况分析

分析液压执行元件工况的主要目的是，了解其工作时的速度、负载变化等规律，并将此规律用曲线表示出来，作为拟定液压系统方案、确定系统主要参数（压力和流量）的依据。若液压执行元件的动作简单，则可不作图，只需找出最大负载和最大速度即可。

### 1. 运动速度分析

按机械装备的工艺要求，把所研究的执行元件在完成一个工作循环时的运动规律用图表示出来，这个图称为速度图。现以如图 1-1 所示的液压缸驱动的组合机床滑台为例来说明。图 1-1(a) 是机床的动作循环图，由图可见，工作循环为快进→工进→快退；图 1-1(b) 是完成一个工作循环的速度-位移曲线，即速度图。

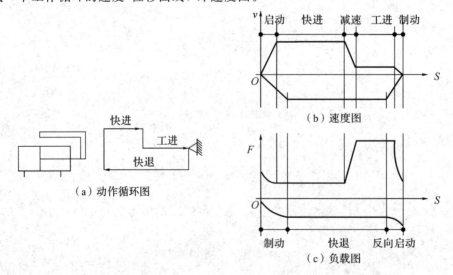

图 1-1 组合机床滑台工况图

**2. 负载分析**

图 1-1(c)是该组合机床的负载图,这个图是按设备的工艺要求,把执行元件在各阶段的负载用曲线表示出来,由此图可直观地看出在运动过程中何时受力最大、何时最小等各种情况,以此作为以后的设计依据。

具体分析液压缸所承受的负载,当液压缸驱动执行机构进行直线往复运动时,所受到的外负载为

$$F = F_L + F_f + F_a \pm F_g \tag{1-1}$$

式中:

$F_L$——工作负载;

$F_f$——摩擦阻力负载;

$F_a$——惯性负载;

$F_g$——执行元件重力负载(有时要考虑)。

(1) 工作负载 $F_L$。工作负载与设备的工作情况有关。运动方向上的分力是有效负载;垂直方向上的分力与摩擦有关。

(2) 摩擦阻力负载 $F_f$。摩擦阻力是指运动部件与支承面间的摩擦力,它与支承面的形状、放置情况、润滑条件以及运动状态有关。摩擦阻力负载可表示为

$$F_f = f F_N \tag{1-2}$$

式中:

$F_N$——运动部件及外负载对支承面的正压力;

$f$——摩擦系数,分静摩擦系数($f_s \leqslant 0.2 \sim 0.3$)和动摩擦系数($f_d \leqslant 0.05 \sim 0.1$)。

(3) 惯性负载 $F_a$。惯性负载是当运动部件的速度变化时,由其惯性而产生的负载,可用牛顿第二定律计算,即

$$F_a = ma = \frac{G}{g} \frac{\Delta v}{\Delta t} \tag{1-3}$$

式中:

$m$——运动部件的质量(kg);

$a$——运动部件的加速度($m/s^2$);

$G$——运动部件的重力(N);

$g$——重力加速度($m/s^2$);

$\Delta v$——速度的变化量(m/s);

$\Delta t$——速度变化所需的时间(s)。

(4) 执行元件重力负载 $F_g$。当执行元件的重力不与运动方向垂直时,要考虑其重力作用。

除此之外,液压缸的受力还有密封阻力(一般用效率 $\eta = 0.85 \sim 0.9$ 来表示)和背压力(指液压缸回油腔压力所造成的阻力,在系统方案和缸结构确定前无法计算,可在最后计算时确定)。

若执行机构为液压马达,则其负载力矩计算方法与液压缸相类似,液压缸各阶段中的负载计算公式见表 1-1。

表 1-1 液压缸各阶段中的负载计算公式

| 工 况 | 计算公式 $F/N$ | 液压缸推力 $F/N$ |
|---|---|---|
| 启 动 | $F=F_{fs}+F_L\pm F_g$ | $F=\dfrac{F_{fs}+F_L\pm F_g}{\eta_m}$ |
| 加 速 | $F=F_{fd}+F_L+F_a\pm F_g$ | $F=\dfrac{F_{fd}+F_L+F_a\pm F_g}{\eta_m}$ |
| 快速（快进） | $F=F_{fd}+F_L\pm F_g$ | $F=\dfrac{F_{fd}+F_L\pm F_g}{\eta_m}$ |
| 减 速 | $F=F_{fd}+F_L-F_a\pm F_g$ | $F=\dfrac{F_{fd}+F_L-F_a\pm F_g}{\eta_m}$ |
| 慢速（工进） | $F=F_{fd}+F_L\pm F_g$ | $F=\dfrac{F_{fd}+F_L\pm F_g}{\eta_m}$ |
| 制 动 | $F=F_{fd}+F_L-F_a\pm F_g$ | $F=\dfrac{F_{fd}+F_L-F_a\pm F_g}{\eta_m}$ |
| 反向启动 | $F=F_{fs}+F_a\pm F_g$ | $F=\dfrac{F_{fs}+F_a\pm F_g}{\eta_m}$ |
| 快 退 | $F=F_{fd}\pm F_g$ | $F=\dfrac{F_{fd}\pm F_g}{\eta_m}$ |
| 制动（使停止） | $F=F_{fd}-F_a\pm F_g$ | $F=\dfrac{F_{fd}-F_a+F_L\pm F_g}{\eta_m}$ |

注：$\eta_m$ 为执行机构的机械效率；$F_{fs}$ 为静摩擦力；$F_{fd}$ 为动摩擦力。

**3. 执行元件的参数确定**

1）初算工作压力

当负载确定后，工作压力就决定了系统的经济性和合理性，即有

$$F=pA=p\frac{\pi D^2}{4}$$

式中：

   $F$——负载；

   $A$——活塞有效工作面积；

   $p$——工作压力；

   $D$——活塞直径。

若 $p\uparrow$，则执行元件的尺寸 $D\downarrow$，密封要求就高，元件的制造精度也就更高，容积效率会降低。若 $p\downarrow$，则执行元件的尺寸 $D\uparrow$，重量大，完成给定速度所需的流量也大。所以应根据实际情况选取适当的工作压力。执行元件工作压力可以根据总负载值或主机设备类型选取，见表 1-2 和表 1-3。

表 1-2 按负载选择执行元件的工作压力

| 负载 $F/kN$ | <5 | 5~10 | 10~20 | 20~30 | 30~50 | >50 |
|---|---|---|---|---|---|---|
| 工作压力 $p/MPa$ | <0.8~1.0 | 1.5~2.0 | 2.5~3.0 | 3.0~4.0 | 4.0~5.0 | >5.0~7.0 |

表 1-3　各类液压设备常用的工作压力

| 设备类型 | 粗加工机床 | 半精加工机床 | 粗加工或重型机床 | 农业机械、小型工程机械 | 重大型机械 |
|---|---|---|---|---|---|
| 工作压力 $p/\text{MPa}$ | $0.8\sim2.0$ | $3.0\sim5.0$ | $5.0\sim10.0$ | $10.0\sim16.0$ | $20.0\sim32.0$ |

2) 确定执行元件的几何参数

对于液压缸来说，它的几何参数就是有效工作面积 $A$，对液压马达来说，就是排量 $V$。

液压缸的有效工作面积 $A$ 可表示为

$$A=\frac{F}{\eta_{cm}\,p} \tag{1-4}$$

式中：

$F$——液压缸上的外负载(N)；

$\eta_{cm}$——液压缸的机械效率；

$p$——液压缸的工作压力(Pa)。

式(1-4)计算出来的有效工作面积 $A$ 还必须按液压缸的最低稳定速度 $v_{min}$ 来验算，即

$$A\geqslant\frac{q_{min}}{v_{min}} \tag{1-5}$$

式中：$q_{min}$ 为流量阀最小稳定流量。

若执行元件为液压马达，则其排量为

$$V=\frac{2\pi T}{p\,\eta_{Mm}} \tag{1-6}$$

式中：

$T$——液压马达的总负载转矩(N·m)；

$\eta_{Mm}$——液压马达的机械效率；

$p$——液压马达的工作压力(Pa)；

$V$——所求液压马达的排量($\text{m}^3/\text{r}$)。

同样，式(1-6)所求的排量也必须满足液压马达最低稳定转速 $n_{min}$ 的要求，即

$$V\geqslant\frac{q_{min}}{n_{min}} \tag{1-7}$$

式中，$q_{min}$ 为输入液压马达的最低稳定流量。

排量确定后，可从产品样本中选择液压马达的型号。

3) 确定执行元件的最大流量

对于液压缸，它所需的最大流量 $q_{max}$ 就等于液压缸有效工作面积 $A$ 与液压缸最大移动速度 $v_{max}$ 的乘积，即

$$q_{max}=Av_{max} \tag{1-8}$$

对于液压马达，它所需的最大流量 $q_{max}$ 应为液压马达的排量 $V$ 与其最大转数 $n_{max}$ 的乘积，即

$$q_{max}=Vn_{max} \tag{1-9}$$

### 4. 绘制液压执行元件的工况图

液压执行元件的工况图包括压力图、流量图和功率图。

1) 工况图的绘制

在工况图中，压力 $p$、流量 $q$、功率 $P$ 均为时间 $t$ 的函数，如图 1-2 所示。需要强调的是，复算执行元件的工作压力 $p$，应考虑是否有背压 $p_2$。$A_1$、$A_2$ 分别为无杆腔、有杆腔的有效工作面积。

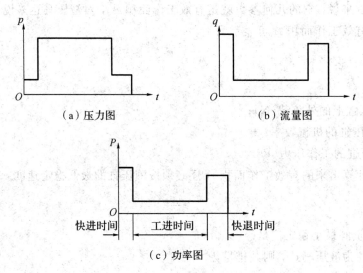

（a）压力图  （b）流量图

（c）功率图

图 1-2　组合机床执行元件工况图

（1）液压缸快进：

当采用差动系统时，有

$$p = \frac{F}{A_1 - A_2}$$

$$q = v_{快}(A_1 - A_2)$$

$$P = pq$$

当采用非差动系统时，有

$$p = \frac{F}{A_1} + \frac{A_2}{A_1} p_2$$

$$q = v_{快} A_1$$

$$P = pq$$

（2）液压缸工进：

$$p = \frac{A_2}{A_1} p_2 + \frac{F}{A_1} = p_工$$

$$q = v_工 A_1$$

$$P = p_工 q_工$$

（3）液压缸快退：

$$p = \frac{A_2}{A_1} p_2 + \frac{F}{A_1}$$

$$q = vA_2$$

$$P = pq$$

2) 工况图的作用

从工况图上可以直观、方便地找出 $p_{max}$、$q_{max}$、$P_{max}$，根据这些参数可选择泵、电动机的 $P$ 和 $n$，亦对选择液压元件具有指导意义。通过分析工况图，有助于设计者选择合理的基本回路。例如，在工况图上可得到最大流量维持时间，若该时间较短，则不宜选择大流量的定量泵供油，而应选择变量泵或泵-蓄能器联合供油。还可利用工况图得到各阶段的功率变化，合理分配各阶段的功率，提高功率的合理分配性。

# 第二章　拟定液压系统原理图

液压系统设计方案是根据主机的工作情况、主机对液压系统的技术要求、液压系统的工作条件和环境条件以及经济性、供货情况等因素进行全面、综合的设计，从而拟定出一个各方面比较合理的、可实现的液压系统方案。其内容包括：油路循环方式的分析与选择，油源形式的分析与选择，液压回路的分析、选择与合成，液压系统原理图的拟定、设计与分析。

## 一、油路循环方式的分析与选择

液压系统油路循环方式主要分为开式和闭式两种，它们各自的特点及其相互比较见表2-1。

表2-1　开式系统与闭式系统的比较

| 油液循环方式 | 开　　式 | 闭　　式 |
| --- | --- | --- |
| 散热条件 | 较方便，但油箱较大 | 较复杂，要用辅泵换油冷却 |
| 抗污染性 | 较差，但可采用压力油箱或油箱呼吸器来改善 | 较好，但油液过滤要求较高 |
| 系统效率 | 管路压力损失较大，用节流调速时效率低 | 管路压力损失较小，容积调速时，效率较高 |
| 其　　他 | 对主泵的自吸性能要求高 | 对主泵的自吸性能要求低 |

油路循环方式的选择主要取决于液压系统的调速方式和散热条件。

通常空间较大可以存放油箱不需另设散热装置的系统、结构简单的系统、节流调速或容积节流调速的系统，均适宜开式系统。例如，液压泵向多缸(马达)供油且功率较小的机器(如组合机床、磨床等)、内燃机驱动的机器以及固定式机械。

凡使用辅助泵进行补油并通过换油来达到冷却目的的系统，对工作稳定性和效率有较高要求的系统以及容积调速系统，宜采用闭式系统。例如，外负载惯性大且换向频繁的机构(如一些起重机的旋转、运行机构及龙门刨床、拉床的工作台等)、重力下降机构(如不平衡类型的起升、动臂摆动机构等)、要求结构特别紧凑的运动式机械(如液压汽车平板车、拖拉机、矿车及飞机等)。大型货轮的舵机、工程船舶调距桨等系统一般用闭式系统。

## 二、开式系统油路组合方式的分析与选择

当系统有多个液压执行元件时，开式系统按油路的不同连接方式，又可分为串联、并联、独联及其组合等。

## 1. 串联

串联方式除第一个液压执行元件的进油口和最后一个执行元件的回油口分别与液压泵和油箱连接外,其余液压执行元件的进、出口依次相连,如图 2-1 所示。

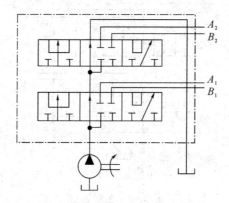

图 2-1 串联连接

特点:当多个液压执行元件同时动作时,其运动速度不随外负载而变,故轻载时多个液压执行元件可同时动作;但液压泵的压力负担重,受原动机功率限制,故重载时不宜多个液压执行元件同时动作。另外,系统的压力损失也较大。

适用范围:中小型工程机械液压系统;保证行走直线性的单泵供油工程机械的行走机构。

## 2. 并联

在并联连接方式中,液压泵与所有液压执行元件的进油口相连,而执行元件的回油口都接油箱,如图 2-2 所示。

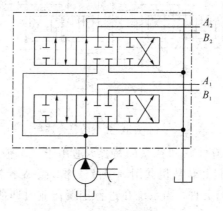

图 2-2 并联连接

特点:当多个液压执行元件同时动作时,负载小的液压执行元件的速度会增大;但液压泵的压力负担轻,为任一液压执行元件的负载压力与其相应回路的压力损失之和。

适用范围:多个液压执行元件不要求同时动作,或要求同时动作但功率较小或工作时间较短的,如机床、机械手等;大型工程机械的双液压泵双回路系统。

### 3. 独联

独联是指一个液压泵在任何时候都只向一个多路阀控制的液压执行元件供油，如图 2-3 所示。

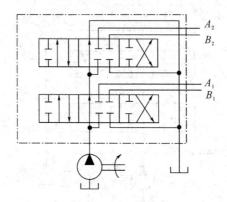

图 2-3　独联连接

优点：能防止因换向阀误操作而引起的事故或超载。

适用范围：要求多个液压执行元件能逐个可靠动作的场合。

### 4. 并联-独联

并联与独联复合连接时，由多路阀 A 控制的几个液压执行元件是并联连接的，由多路阀 B 控制的几个液压执行元件也是并联连接的，而多路阀 A、B 分别控制的液压执行元件间则是独联的，如图 2-4 所示。

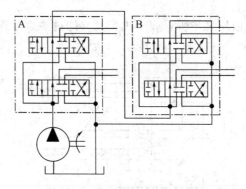

图 2-4　并联-独联的复合连接

并联-独联连接方式兼有并联和独联的特点，适用于一个液压泵向多种作业装置供油的系统。如图 2-4 中挖掘机和装载机共用一个液压泵，阀 A 控制挖掘机的液压执行元件，阀 B 控制装载机的液压执行元件，当系统在进行挖掘作业时即使误操作多路阀 B，也不会使装载作业的机构动作。

### 5. 串联-独联

串联与独联复合连接时，由多路阀 A 控制的几个液压执行元件是串联的，由多路阀 B 控制的几个液压执行元件也是串联的，阀 A、B 分别控制的液压执行元件间是独联的，如图 2-5 所示。该连接方式具有串联、独联的特点，操作互锁性能更好，常用于中小型汽车起重机和高空作业的液压系统中。

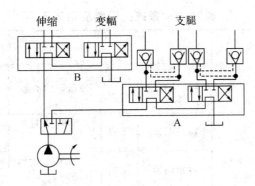

图 2-5 串联-独联的复合连接

## 三、调速方案的分析与选择

调速方案对主机性能起决定性作用。选择调速方案时,应依据液压执行元件的负载特性和调速范围及经济性等因素,参考表2-2进行分析比较,最后选出合适的调速方案。

表 2-2 三种调速回路主要性能比较

| 主要性能 | | 节流调速回路 | | | 容积调速回路 | 容积节流调速回路 | |
|---|---|---|---|---|---|---|---|
| | | 简式节流调速回路 | | 带压力补偿阀的节流调速回路 | 变量泵定量马达 | 流量适应 | 功率适应 |
| | | 进油节流及回油节流 | 旁路节流 | 调速阀在进油路 | 调速阀在旁油路及溢流节流调速回路 | | | |
| 负载特性 | 速度刚度 | 差 | 很差 | 好 | | 较好 | 好 | |
| | 承载能力 | 好 | 较差 | 好 | | 较好 | 好 | |
| 调速范围 | | 大 | 小 | 大 | | 较大 | 大 | |
| 功率特性 | 效率 | 低 | 较低 | 低 | 较低 | 最高 | 较高 | 高 |
| | 发热 | 大 | 较大 | 大 | 极大 | 最小 | 较小 | 小 |
| 成本 | | 低 | | 较低 | | 高 | 最高 | |
| 适用范围 | | 小功率、轻载或低速的中、低压系统及工程机械的非经常性调速场合 | | | | 大功率、高速、中压或高压系统 | 负载变化小、速度刚度大的中小功率中压系统 | 负载变化大、速度刚度大的中大功率中高压系统 |

调速方案与油路循环方式、液压泵和液压执行元件的类型等密切相关,由它们构成的系统主回路的应用实例列于表2-3中,可供选择调速方案时参考。

表 2-3 系统主回路应用实例

| 主机主要工作要求 | | | | 实例 | | | | |
|---|---|---|---|---|---|---|---|---|
| | | | | 主回路系统 | 循环形式 | 液压泵的类型 | 液压执行元件类型 | 主机名称 |
| 直线运动 | 速度要求较稳定,负载变化小 | 行程中不变速 | 高速 $v_{max}=30\sim70$ m/min | 容积调速 | 闭式 | 双向变量叶片泵 | 双杆活塞缸 | 高精度平面磨床 |
| | | | | 容积调速 | 闭式 | 双向变量叶片或柱塞泵 | 单杆活塞缸或柱塞缸 | 龙门刨床 |
| | | | 中速 $v_{max}=7\sim30$ m/min | 容积调速 | 闭式 | 双向变量泵 | 双杆活塞缸 | 平面磨床 |
| | | | | 节流调速 | 开式 | 定量泵 | | |
| | | | 低速小功率 $v_{max}<6\sim7$ m/min | 节流调速 | 开式 | 齿轮泵、螺杆泵 | 双杆活塞缸 | 内、外圆磨床 |
| | | | | 容积调速 | 闭式 | 双向变量柱塞泵 | 单杆活塞缸 | 拉床 |
| | | | 低速大功率 | 容积节流调速 | 开式 | 限压式变量泵 | 差动缸 | 组合机床 |
| | | | | 节流调速 | 开式 | 双联定量泵 | | |
| | | | | 容积调速 | 开式 | 恒功率变量柱塞泵 | 单杆活塞缸 | 金属挤压液压机 |
| | 速度不要求稳定,负载变化大 | 调速比小于6.5 | | 恒功率调节 | 开式 | 恒功率变量柱塞泵 | 单杆活塞缸 | 校直、压装液压机 |
| | | 调速比大于6.5 | | 恒功率调节 | 开式 | 恒功率变量柱塞泵加定量泵、充液阀或蓄能器 | | 粉末制品液压机 |
| | | 不连续工作(挖掘、提升、回转等) | | 恒功率调节 | 开式 | 恒功率变量柱塞泵 | 单杆活塞缸 | 大、中型挖掘机 |
| | | | | 不调速 | 开式 | 阀配流式柱塞定量泵 | | 小型挖掘机、拖拉机、悬挂装置 |
| | | | | 不调速 | 开式 | 定量叶片泵或高压齿轮泵 | | |
| | | 负载变化大,增压后保压时间较大 | | 恒功率调节(双泵或单泵) | 开式 | 恒功率变量柱塞泵(双泵或单泵) | 单杆活塞缸 | 塑料制品液压机 |
| | | 不要求速度稳定,短时间有重负载 | | 不调速 | 开式 | 齿轮泵、叶片泵、阀配流式泵或手动泵 | 单杆活塞缸 | 冲孔、剪料简易液压机,弯管机,拉钢筋机 |

| 主机主要工作要求 | | 实　例 | | | | |
|---|---|---|---|---|---|---|
| | | 主回路系统 | 循环形式 | 液压泵的类型 | 液压执行元件类型 | 主机名称 |
| 回转运动 | 小功率，轻载，要求反应速度快 | 定量泵、定量马达 | 开式 | 叶片泵 | 直轴式柱塞马达 | 小型打包机 |
| | 小功率，轻载，要求速度一般 | 定量泵、定量马达 | 开式 | 齿轮泵或叶片泵 | 摆线转子马达 | 轧钢机辅助机构 |
| | 大功率，负载变化变小 | 变量泵、定量马达 | 闭式 | 斜轴式柱塞泵 | 内曲线型马达（低速） | 铰车 |
| | | | | 斜轴式柱塞泵 | 斜轴式柱塞马达 | 小内燃机叉车 |
| | 大功率，负载变化大，容许重载时低速 | 定量泵、双速马达 | 开式 | 斜轴式柱塞泵、阀配流式柱塞泵 | 双速大扭矩马达 | 挖掘机行走机构 |
| | 大功率，负载变化大，速度变化大，要求重载在中速下工作 | 变量泵、变量马达 | 开式 | 斜轴式柱塞泵 | 直轴式柱塞马达 | 石油钻机、起重机提升机构 |

## 四、液压基本回路的分析与选择

### 1. 液压基本回路的选择步骤

选择除调速回路以外的液压回路是根据系统的设计要求和工况图，从成熟的方案中经过分析、比较挑选出来的。一般可按如下步骤进行：

（1）系统一般都必须设置基本回路。一般液压系统都必须设置调压回路、换向回路、卸荷回路及安全回路等。

（2）根据系统负载性质选择基本回路。当液压执行元件存在外负载对系统做功的工况时（有垂直或倾斜运动部件的系统），要设置平衡回路，以防止外负载使液压执行元件超速运动。在外负载惯性较大的系统中，为防止产生液压冲击，要设置制动回路。对有快速运动部件的系统或要求精确换向的系统，要设置减速回路或缓冲回路等。

（3）根据系统特殊要求选择基本回路。如系统有多个液压执行元件，根据需要应设置顺序回路或同步回路、互不干扰回路等。有些系统还要设置速度换接回路、增速回路、增压回路、锁紧回路等。

### 2. 选择液压基本回路的注意事项

（1）调压回路的选择主要决定于系统的调速方案。在节流调速系统中，一般采用调压回路；在容积调速、容积节流调速或旁路节流调速系统中，均采用限压回路。当一个油源同时提供两种不同工作压力时，可以采用减压回路。对于工作时间相对辅助时间较短而功率又较大的系统，可以考虑增加一个卸荷回路。

（2）速度换接回路的选择主要依据换接时位置精度和平稳性的要求，同时还应结构简单、调整方便、控制灵活。

（3）多个液压缸顺序动作回路的选择主要考虑顺序动作的可变换性、行程的可调性、顺序动作的可靠性等。

（4）多个液压缸同步动作回路的选择主要考虑同步精度、系统调整、控制和维护的难易程度等。

当选择液压回路出现多种可能方案时，应平行展开，反复进行对比分析，不要轻易作出取舍决定。

## 五、液压系统原理图的拟定

选定调速方案和液压基本回路后，再增添一些必要的元件和配置一些辅助性油路，如控制油路、润滑油路、测压油路等，并对回路进行归并和整理，就可将液压回路合成为液压系统。系统合成时，应考虑以下几个问题：

（1）这个系统能否完满地实现所要求的各项功能？是否要进行补充或修正？

（2）有无多余或重复的元件和油路？是否可以去掉或合并？

（3）各液压回路之间是否会产生干扰？

（4）系统会不会产生液压冲击？有没有防止液压冲击的措施？

（5）控制油路是否可靠？当直接从主油路上引出控制油路时，应保证控制油路始终具有一定的压力（包括系统卸荷时）。

（6）系统测压点的分布是否合理、正确？通常将测压点设在：液压泵的出口、溢流阀的入口油路上；减压阀或增压器的出口油路上；顺序阀或背压阀的入口油路上；压力继电器或过滤器的前油路上；液压执行元件的进、出油口处；润滑油路、控制油路上。

（7）系统是否有工作介质的净化装置？液压系统中都应设置一般的粗、精过滤器或磁性过滤器，对要求特别高的系统，还需设置旁路净化系统。

（8）系统工作的可靠性如何？对可靠性要求特别高的系统，需设置备用元件或备用回路。

（9）系统是否需要设置冷却、加热装置？

# 第三章　液压系统参数设计与液压元件的计算选择

## 一、液压系统参数设计

液压系统的主要参数设计是指确定液压执行元件的工作压力和最大流量。液压执行元件的工作压力可以根据负载图中的最大负载从表 1-2 选取；也可以根据主机的类型从表 1-3 选取。最大流量则由液压执行元件速度图中的最大速度为依据计算。工作压力和最大流量的确定都与液压执行元件的结构参数(液压缸的有效工作面积或液压马达的排量)有关。一般是先选定液压执行元件的类型及其工作压力，再按最大负载和预估的液压执行元件的机械效率求出液压缸的有效工作面积 $A$ 或液压马达的排量 $V_M$，并通过各种必要的验算、修正和圆整成标准值后定下这些结构参数，最后再算出最大流量 $q_{max}$。

有些主机(例如机床)的液压系统对液压执行元件的最低稳定速度有较高的要求，这时所确定的液压执行元件的结构参数 $A$ 或 $V_M$ 还必须符合下述条件：

液压缸：
$$\frac{q_{min}}{A} \leqslant v_{min} \tag{3-1}$$

液压马达：
$$\frac{q_{min}}{V_M} \leqslant n_{min} \tag{3-2}$$

式中，$q_{min}$ 为节流阀或调速阀、变量泵的最小稳定流量，其值可由产品性能手册查出。

液压系统执行元件的工况图是在液压执行元件结构参数确定后，根据工作循环算出不同阶段中的实际工作压力、流量和功率之后作出的。工况图显示液压系统在实现整个工作循环时三个参数的变化情况。当系统中有多个液压执行元件时，其工况图应是各个执行元件工况图的综合。

液压执行元件的工况图是选择系统中其他液压元件和液压基本回路的依据，也是拟订液压系统方案的依据，具体原因如下：

(1) 工况图中的最大压力和最大流量直接影响着液压泵和各种控制阀等液压元件的最大工作压力和最大工作流量。

(2) 工况图中不同阶段内压力和流量的变化情况决定着液压回路和油源形式的合理选用。

(3) 工况图所确定的液压系统主要参数的量值反映着原来设计参数的合理性，为主参数的修改或最后认定提供了依据。

## 二、液压执行元件的设计计算与选用

### 1. 液压执行元件类型的选择

液压执行元件类型的选择是根据主机所要实现的运动形式(移动、转动或摆动)和性质(速度和负载的大小)而定的，设计时可参照表 3-1 来选择。

表 3-1　液压执行元件类型

| 名　称 | 特　点 | 适用场合 |
|---|---|---|
| 双活塞杆液压缸 | 双向对称 | 双向工作的往复运动 |
| 单活塞杆液压缸 | 有效工作面积大、双向不对称 | 往返不对称的直线运动，差动连接可实现快进，$A_1 = 2A_2$ 往返速度相等 |
| 柱塞缸 | 结构简单 | 单向工作，靠重力或其他外力返回 |
| 摆动缸 | 单叶片式转角小于 360°；双叶片式转角小于 180° | 小于 360° 的摆动运动；小于 180° 的摆动运动 |
| 齿轮马达 | 结构简单，价格便宜 | 高转速、低扭矩的回转运动 |
| 叶片马达 | 体积小，转动惯量小 | 高转速、低扭矩、动作灵敏的回转运动 |
| 摆线齿轮马达 | 体积小，输出扭转大 | 低速、小功率、大扭矩的回转运动 |
| 轴向柱塞马达 | 运动平稳，扭矩大，转速范围宽 | 大扭矩的回转运动 |
| 径向柱塞马达 | 转速低，结构复杂，输出大扭矩 | 低转速、大扭矩的回转运动 |

注：$A_1$ 为无杆腔活塞面积；$A_2$ 为有杆腔活塞面积。

## 2. 液压缸的设计计算

液压缸的主要技术参数及理论流量计算公式见表 3-2，计算公式中所需数据分别见表 3-3 和表 3-4。

### 表 3-2　液压缸的主要技术参数及理论流量计算公式

| 类型 | 液压缸示意图 | 液压缸的几何参数 $A_1$、$A_2$ | 液压缸最大理论流量 | 备　注 |
|---|---|---|---|---|
| 单活塞杆缸 | | $p_1 = (F + p_2 A_2 + p_{min} A_1)$ <br> $A_2 = \dfrac{F}{(p_1 - p_{min})\varphi - p_2}$ <br> $p_1 = \dfrac{\dfrac{F}{\eta_m} + p_2 A_2}{A_1}$ <br> $A_2 = \dfrac{F}{\eta_m(p_1 \varphi - p_2)}$ <br> $A_1 = \varphi A_2$ | $q_{max} A_1 v_{max}$ | $F$ 为缸的最大外负载；$p_1$ 为缸的最大工作压力；$p_2$ 为缸的背压（见表 3-3）；$p_{min}$ 为缸空载启动压力（见表 3-4）； |
|  | | $p_1 = \dfrac{F + p_2 A_1 + p_{min} A_2}{A_2}$ <br> $A_2 = \dfrac{F}{(p_1 - p_{min}) - p_2 \varphi}$ <br> $p_1 = \dfrac{\dfrac{F}{\eta_m} + p_2 A_1}{A_2}$ <br> $A_2 = \dfrac{F}{\eta_m(p_1 - p_2 \varphi)}$ | $q_{max} A_2 v_{max}$ |  |

| 类型 | 液压缸示意图 | 液压缸的几何参数 $A_1$、$A_2$ | 液压缸最大理论流量 | 备　注 |
|---|---|---|---|---|
| 差动单活塞杆缸 | | $p_1 = \dfrac{F + p_{min} A_2}{A_1 - A_2}$ <br> $A_2 = \dfrac{F}{p_1(\varphi - 1) - p_{min}}$ <br> $p_1 = \dfrac{F}{\eta_m (A_1 - A_2)}$ <br> $A_2 = \dfrac{F}{\eta_m p_1 (\varphi - 1)}$ | $q_{max} = (A_1 - A_2) v_{max}$ | $\eta_m$ 为缸的机械效率(见表3－4)；<br>　$\varphi$ 为缸往返速比；<br>　$A_1$ 为缸无杆腔有效面积；<br>　$A_2$ 为缸有杆腔有效面积 |
| 双活塞杆缸 | | $p_1 = \dfrac{F}{A_2} + p_2 + p_{min}$ <br> $A_2 = \dfrac{F}{p_1 - p_2 - p_{min}}$ <br> $p_1 = \dfrac{F}{A_2 \eta_m} + p_2$ <br> $A_2 = \dfrac{F}{\eta_m (p_1 - p_2)}$ | $q_{max} = A_2 v_{max}$ | |

表3－3　背压阻力

| 系统类型 | 背压阻力/MPa |
|---|---|
| 中低压系统或轻载节流调速系统 | 0.2～0.5 |
| 回油路有调速阀或背压阀系统 | 0.5～1.5 |
| 采用辅助泵补油的闭式系统 | 1～1.5 |
| 采用多路阀的复杂中高压系统 | 1.2～3 |

表3－4　液压缸空载启动压力及效率

| 活塞密封圈形式 | $p_{min}$/MPa | $\eta_m$ |
|---|---|---|
| O、L、U、X、Y | 0.3 | 0.96 |
| V | 0.5 | 0.94 |
| 活塞环密封 | 0.1 | 0.985 |

**注**：当活塞杆密封圈也采用 V 形时，表中值要增大 50%。

1）液压缸的工作压力的确定

液压缸的工作压力主要根据液压设备的类型来确定，不同的液压设备，其工作条件不同，采用的压力范围也不同。设计时，可用类比法确定。表1－2、表1－3列出的数据可供选定工作压力时参考。

2）液压缸内径 $D$ 和活塞杆直径 $d$ 的确定

在表3－2中给出了不同类型液压缸的有效工作面积 $A_1$ 和 $A_2$ 的计算公式，按此选择计算即可。需要说明的是，$\eta_m$ 为液压缸的机械效率，一般取0.9～0.97。在计算出液压缸内径 $D$ 后，活塞杆直径可由 $d/D$ 计算，液压缸内径 $D$ 与活塞杆直径 $d$ 的关系见表3－5。

| 按机床类型选取 | | 按液压缸工作压力选取 | |
|---|---|---|---|
| 机床类型 | $d/D$ | 工作压力 $p$/MPa | $d/D$ |
| 磨床、珩磨及研磨机床 | 0.2～0.3 | <2 | 0.2～0.3 |
| 插、拉、刨床 | 0.5 | >2～5 | 0.5～0.58 |
| 钻、镗、车、铣床 | 0.7 | >5～7 | 0.62～0.70 |
| | | >7 | 0.70 |

特别需要指出的是，由于活塞、活塞杆的密封件均为标准件，所以，活塞、活塞杆直径的计算结果应按表 3－6 和表 3－7 的规定就近向标准尺寸圆整。

表 3－6　液压缸内径尺寸系列（GB/T 2348—1993）

| 8 | 10 | 12 | 16 | 20 | 25 | 32 |
|---|---|---|---|---|---|---|
| 40 | 50 | 63 | 80 | (90) | 100 | (110) |
| 125 | (140) | 160 | (180) | 200 | (220) | 250 |
| 320 | 400 | 500 | 630 | | | |

表 3－7　活塞杆直径系列（GB/T 2348—1993）

| 4 | 5 | 6 | 8 | 10 | 12 | 14 | 16 | 18 |
|---|---|---|---|---|---|---|---|---|
| 20 | 22 | 25 | 28 | 32 | 36 | 40 | 45 | 50 |
| 56 | 63 | 70 | 80 | 90 | 100 | 110 | 125 | 140 |
| 160 | 180 | 200 | 220 | 250 | 280 | 320 | 360 | 400 |

3）液压缸壁厚和外径的计算

液压缸的壁厚根据其强度条件计算。这里所指的液压缸壁厚一般为缸筒结构中最薄处的厚度，应重点注意在缸筒、缸盖以半环连接时的缸筒厚度。通常情况下，承受内压力的圆筒，其内应力分布规律因壁厚的不同而各异。在计算时可分为薄壁圆筒和厚壁圆筒。

液压缸的内径 $D$ 与其壁厚 $\delta$ 的比值 $D/\delta \geqslant 10$ 的圆筒称为薄壁圆筒。一般工程机械的液压缸大多采用无缝钢管，基本属于薄壁圆筒结构，其壁厚按薄壁圆筒公式（3－3）计算。

$$\delta \geqslant \frac{p_y D}{2[\sigma]} \tag{3－3}$$

式中：

　　$\delta$——液压缸壁厚（m）；

　　$D$——液压缸内径（m）；

　　$p_y$——试验压力，一般取最大工作压力的 1.25～1.5 倍（MPa）；

　　$[\sigma]$——缸筒材料的许用应力（锻钢为 110～120 MPa；铸钢为 100～110 MPa；无缝钢

管为 100～110 MPa；高强度铸铁为 60 MPa；灰铸铁为 25 MPa）。

在中低压液压系统中，按式(3-3)计算所得的壁厚往往很小，导致缸筒的刚度严重不足，在切削加工过程中的变形、安装变形等引起液压缸工作时的卡死或漏油。因此对 $\delta$ 值一般不作计算，按经验选取，必要时按式(3-3)进行校核。

当 $D/\delta < 10$ 时，应按材料力学中的厚壁圆筒公式计算其壁厚，即

$$\delta \geqslant \frac{D}{2}\left(\sqrt{\frac{[\sigma]+0.4p_y}{[\sigma]-1.3p_y}}-1\right) \tag{3-4}$$

式中，符号意义同上。

算出液压缸壁厚后，即可求出缸筒的外径 $D_1$ 为

$$D_1 \geqslant D+2\delta$$

式中，$D_1$ 应按无缝钢管标准或有关标准圆整为标准值。

4）液压缸工作行程的确定

液压缸工作行程的长度应根据执行机构实际工作的最大行程来确定，并参照表 3-8 中的尺寸系列来选择标准值。

表 3-8  液压缸活塞行程参数系列（GB/T 2349—1980）

|   | | | | | | | | |
|---|---|---|---|---|---|---|---|---|
| Ⅰ | 25 | 50 | 80 | 100 | 125 | 160 | 200 | 250 |
| | 320 | 400 | 500 | 630 | 800 | 1000 | 1250 | 1600 |
| | 2000 | 2500 | 4000 | | | | | |
| Ⅱ | 40 | 63 | 90 | 110 | 140 | 180 | 220 | 280 |
| | 360 | 450 | 550 | 700 | 900 | 1100 | 1400 | 1800 |
| | 2200 | 2800 | 3900 | | | | | |
| Ⅲ | 240 | 260 | 300 | 340 | 380 | 420 | 480 | 530 |
| | 600 | 650 | 750 | 850 | 950 | 1050 | 1200 | 1300 |
| | 1500 | 1700 | 1900 | 2100 | 2400 | 2600 | 3000 | 3800 |

**注**：液压缸活塞行程参数依Ⅰ、Ⅱ、Ⅲ次序优先选用。

5）液压缸缸盖厚度的确定

液压缸缸盖大多为平底，其有效厚度 $t$ 按强度要求进行计算：

无孔缸盖：

$$t \geqslant 0.433D_2\sqrt{\frac{p_y}{[\sigma]}} \tag{3-5}$$

有孔缸盖：

$$t \geqslant 0.433D_2\sqrt{\frac{p_y D_2}{[\sigma](D_2-d_0)}} \tag{3-6}$$

式中：

$t$——缸盖有效厚度（m）；

$D_2$——缸盖止口内径（m）；

$d_0$——缸盖孔直径（m）。

液压缸相关尺寸示意图见图 3-1。

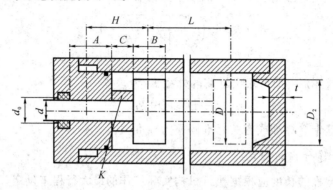

图 3-1　液压缸相关尺寸示意图

6）最小导向长度的确定

最小导向长度即当活塞杆全部外伸时，从活塞支承面中点到导向套滑动面中点的距离 $H$。$H$ 过小，初始挠度（间隙引起）较大，影响液压缸的稳定性。因此在设计时应保证有一定的最小导向长度。

对于一般的液压缸，其最小导向长度 $H$ 应满足：

$$H \geqslant \frac{L}{20} + \frac{D}{2} \tag{3-7}$$

式中：

$L$——液压缸的最大行程；

$D$——液压缸内径。

为保证最小导向长度，$A$、$B$ 过分增大也不适宜，通常在导向套和活塞之间加隔套 $K$，其长度 $C$ 为

$$C = H - \frac{1}{2}(A + B) \tag{3-8}$$

活塞的宽度 $B$ 一般取 $(0.6 \sim 1.0)D$；导向套滑动面长度 $A$ 一般为

$$A = \begin{cases} (0.6 \sim 1.0)D, & D < 80 \\ (0.6 \sim 1.0)d, & D > 80 \end{cases} \tag{3-9}$$

7）缸筒长度的确定

液压缸的缸筒内部长度应大于或等于活塞的行程与活塞宽度之和。缸筒外形长度还要考虑两端端盖的厚度。一般情况下，其长度应小于内径的 20～30 倍。

8）活塞杆的稳定性验算

对受压的活塞杆来说，一般其直径 $d$ 应不小于长度 $l$ 的 1/15。

当 $l/d \geqslant 15$ 时，需进行稳定性校核，应使活塞杆所承受的负载力 $F$ 小于使其保持工作

稳定的临界负载 $F_k$，临界负载 $F_k$ 的值与活塞杆的材料、截面形状、直径和长度，以及液压缸的安装方式等因素有关。具体计算方法参考有关资料。

9）液压缸的结构设计

液压缸的主要尺寸确定后，进行各部分的结构设计。设计内容主要包括：缸筒与缸盖的连接结构，活塞与活塞杆的连接结构，活塞杆导向部分结构、密封装置、缓冲装置、排气装置以及液压缸的安装连接结构。由于液压缸的工作条件不同，其结构形式也各不相同。设计时应根据具体情况而定，具体设计方法参考有关资料。

**3. 液压马达的计算与选择**

液压马达的理论排量 $V_0$ 为

$$V_0 = \frac{2\pi T}{(p_1 - p_2)\eta_m} \tag{3-10}$$

式中：

$T$——液压马达外负载转矩；

$p_1$——液压马达最高工作压力；

$p_2$——液压马达的背压，由表 3-3 查得；

$\eta_m$——液压马达的机械效率，叶片马达取 0.80～0.90，齿轮马达取 0.85～0.95。

轴向液压马达最大理论流量（即所需最大流量）$q_{max}$ 为

$$q_{max} = V_0 n_{max} \tag{3-11}$$

式中：

$V_0$——液压马达理论排量；

$n_{max}$——液压马达的最高转速。

计算所得的液压缸活塞直径 $D$、活塞杆直径 $d$、液压马达的理论排量 $V_0$ 都需按照有关标准圆整成标准值。液压马达则可根据其工作压力、转速和排量选择合适的产品。

## 三、液压能源装置设计

液压能源装置是液压系统的重要组成部分。通常有两种形式：一种是液压装置与主机分离的液压泵站；另一种是液压装置与主机合为一体的液压泵组（包括单个液压泵）。

**1. 液压泵站的类型及其组件的选择**

液压泵为液压系统的动力元件，是液压动力系统中的最基本单元。

两个或多个液压泵通过相关连接件（油管、管接头等辅助元件）组成液压泵组；在液压泵组的基础上，配以驱动装置（发动机或电动机）、油箱、合理的支承件、覆盖件及相关控制装置（调节流量及输出总功率），组成液压泵站。

1）液压泵站类型的选择

液压泵组置于油箱之上的上置式液压泵站，根据电动机安装方式不同，分为立式和卧式两种，如图 3-2 所示。上置式液压泵站结构紧凑，占地小，被广泛应用于中、小功率液压系统中。

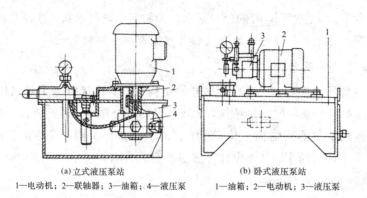

(a) 立式液压泵站　　　　　　　　　　(b) 卧式液压泵站

1—电动机；2—联轴器；3—油箱；4—液压泵　　　　1—油箱；2—电动机；3—液压泵

图 3-2　上置式液压泵站

非上置式液压泵站按液压泵组与油箱是否共用一个底座而分为整体式和分离式两种。整体式液压泵站的液压泵组安置形式又有旁置和下置之分，如图 3-3 所示。非上置式液压泵站的液压泵组置于油箱液面以下，有效地改善了液压泵的吸入性能，且装置高度低，便于维修，适用于功率较大的液压系统。

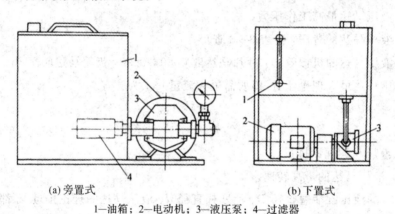

(a) 旁置式　　　　　　　　　　　　(b) 下置式

1—油箱；2—电动机；3—液压泵；4—过滤器

图 3-3　整体式液压泵站

柜式液压泵站是将液压泵组和油箱整体置于封闭的柜体内，如图 3-4 所示。这种液压泵站一般都将显示仪表和电控按钮布置在面板上，外形整齐美观；又因液压泵体被封闭在柜体内，故不易受外界污染，但维修不太方便，散热条件较差，且一般需设有冷却装置。因此，通常仅被应用于中、小功率的系统。

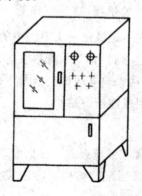

图 3-4　柜式液压泵站

上置式与非上置式液压泵站的比较见表3-9。

表3-9 上置式与非上置式液压泵站的比较

| 项 目 | 上置立式 | 上置卧式 | 非上置式 |
|---|---|---|---|
| 震 动 | 较大 | | 小 |
| 清洗油箱 | 较麻烦 | | 容易 |
| 占地面积 | 小 | | 较大 |
| 液压泵工作条件 | 泵浸在油中,工作条件好,噪声低 | 一般 | 好 |
| 对液压泵安装的要求 | 泵与电动机有同轴度要求 | 泵、电动机有同轴度要求;吸油管与泵的连接处密封要求严格 | 泵、电动机有同轴度要求;吸油管与泵的连接处密封要求严格 |
| 应 用 | 中、小型液压泵站 | | 较大型液压泵站 |

液压泵站按规模的大小,可分为单机型、机组型和中央型三种。单机型液压泵站规模较小,通常将控制阀组一并置于油箱面板上,组成较完整的液压系统总成,这种液压泵站应用较广。机组型液压泵站是将一个或多个控制阀组集中安装在一个或几个专用阀台上,然后两端与液压泵组和液压执行元件相连接。这种液压泵站适用于中等规模的液压系统中。中央型液压泵站常被安置在地下室内,以利于安装配管,降低噪声,保持稳定的环境温度和清洁度。这种液压泵站规模最大,适用于大型液压系统,如轧钢设备的液压系统中。

根据上述分析,在应用中,应按系统的工作特点选择合适的液压泵站类型。

2)液压泵站组件的选择

液压泵站一般由液压泵组、油箱组件、过滤器组件、蓄能器组件和温控组件等组成。应根据系统的实际需要,经深入分析计算后加以选择、组合。

下面分别阐述这些组件的组成及选用时要注意的事项。

液压泵组由液压泵、原动机、联轴器、底座及管路附件等组成,输出所需压力和流量的工作介质。

油箱组件由油箱、面板、空气滤清器、液位显示器等组成,用以储存系统所需的工作介质,散发系统工作时产生的一部分热量,分离介质中的气体并沉淀污物。

过滤器组件是保持工作介质清洁度必备的辅件,可根据系统对介质清洁度的不同要求,设置不同等级的粗过滤器、精过滤器。

蓄能器组件通常由蓄能器、控制装置、支承台架等部件组成。它可用于储存能量、吸收流量脉动、缓和压力冲击,故应按系统的需求而设置,并计算其合理的容量,然后选用之。

温控组件由传感器和温控仪组成。当液压系统自身的热平衡不能使工作介质处于合适的温度范围内时,应设置温控组件,以控制加热器和冷却器,使介质温度始终工作在设定的范围内。

根据主机的要求、工作条件和环境条件,设计出与工况相适应的液压泵站方案后,就可计算液压泵站中主要元件的工作参数。

## 2. 液压泵的计算与选择

1）确定液压泵的最大工作压力

$$p_P = p + \sum \Delta p \tag{3-12}$$

式中：

$p$——液压执行元件工作腔的最大工作压力；

$\sum \Delta p$——从液压泵出口到液压执行元件入口处的总管路损失。

$$\sum \Delta p = \sum \Delta p_\lambda + \sum \Delta p_s + \sum \Delta p_\tau \tag{3-13}$$

式中：

$\sum \Delta p_\lambda$——进油路上管路的总沿程损失；

$\sum \Delta p_s$——为进油路上管路的总局部损失；

$\sum \Delta p_\tau$——进油路上阀的总压力损失。

$\sum \Delta p$ 的准确计算需在选定液压元件并绘制管路布置图后才能进行。初算时，可按经验数据选取；当管路简单或有节流阀调速时，取 $\sum \Delta p = 0.2 \sim 0.5$ MPa；当管路复杂或有调速阀调速时，取 $\sum \Delta p = 0.5 \sim 1.5$ MPa。

2）确定液压泵的流量

（1）对于单个液压泵和单个液压执行元件的系统，有

$$q_P \geqslant K_L q_{max} \tag{3-14}$$

式中：

$q_P$——液压泵的流量；

$K_L$——一个常数，考虑系统泄漏和溢流阀保持最小溢流量的系统，通常取 $K_L = 1.1 \sim 1.3$；

$q_{max}$——液压执行元件所需最大流量（对于液压马达，$q_{max} = V n_{max}$，其中 $V$ 为液压马达排量，$n_{max}$ 为液压马达最大输出转速）。

（2）对于单个液压泵和多个液压执行元件的系统，有

$$q_P \geqslant K_L \left( \sum q_i \right)_{max} \tag{3-15}$$

式中，$\left( \sum q_i \right)_{max}$ 为多个液压执行元件同时工作时所需的最大流量。该值可从液压执行元件工况图中查得。

（3）对于差动回路系统，有

$$q_P \geqslant K_L A_d v_{max} \tag{3-16}$$

式中，$A_d$——液压缸活塞杆面积。

（4）对于采用蓄能器作辅助能源的系统，有

$$q_P \geqslant K_L \sum_{i=1}^{n} \frac{V_i}{T} \tag{3-17}$$

式中：

$V_i$——每个液压执行元件在一个工作周期中的总耗液量；

$T$——系统工作周期；

$n$——液压执行元件数量。

根据液压泵的最大工作压力 $p_P$ 选择液压泵的类型,根据液压泵的流量确定液压泵的规格。在参照产品样本或技术手册选取液压泵时,泵的额定压力应选得比最大工作压力 $p_P$ 高 $20\%\sim60\%$,以留有压力储备;额定流量则只需选得满足最大流量 $q_{max}$ 需要即可。

3)确定液压泵驱动电动机的功率

液压泵在额定压力和额定流量下工作时,其驱动电动机的功率一般可以直接从产品样本或技术手册中查到,但其数值在实际使用中往往偏大。因此,也可以根据具体工况用下述方法计算出来。

当液压执行元件的工况图曲线比较平稳时,电动机功率为

$$P_P = \frac{\Delta p_P q_P}{\eta_P} \tag{3-18}$$

式中:

$\Delta p_P$——液压泵的进、出口压力之差,对于开式系统,即为液压泵的最大工作压力 $P_P$;

$q_P$——液压泵的实际流量;

$\eta_P$——液压泵的总效率,初算时,可按表 3-10 选取。

**表 3-10 液压泵的总效率**

| 液压泵类型 | 齿 轮 泵 | 叶 片 泵 | 柱 塞 泵 | 螺 杆 泵 |
|---|---|---|---|---|
| 总效率 | $0.6\sim0.7$ | $0.6\sim0.75$ | $0.8\sim0.85$ | $0.65\sim0.8$ |

当液压执行元件的工况图曲线变化较大时,电动机功率为

$$P_P = \sqrt{\frac{\sum\limits_{i=1}^{n} p_i^2 t_i}{\sum\limits_{i=1}^{n} t_i}} \tag{3-19}$$

式中:

$p_i$——整个工作周期中第 $i$ 动作阶段内所需的功率;

$t_i$——整个工作周期中第 $i$ 动作所需的时间;

$n$——整个工作周期中需用功率的阶段数。

按式(3-18)或式(3-19)计算得到电动机功率后,还应验算每个阶段内电动机的超载量是否在允许范围内。一般电动机允许的短期超载量为 $25\%$。

限压式变量叶片泵驱动电动机的功率 $P_P$ 可按液压泵的流量-压力特性曲线拐点处的流量 $q_a$ 和压力 $p_a$ 计算。一般情况下,可以将 $q_a = q_n$(替换 $q_P$)和 $p_a = 0.8 p_P$(替换 $\Delta p_P$)代入式(3-18)计算得到。其中 $q_n$ 和 $p_P$ 分别为变量泵的额定流量和最大工作压力。

**3. 油箱的设计与计算**

1)油箱容积的计算

初始设计时,油箱的有效容积可按有关经验公式确定,或根据油箱允许的温升和系统的功率,利用有关图表查得。油箱设计完成后,还应按散热要求验算油箱的容积。

2)油箱设计注意事项

(1)吸油管和回油管间的距离应尽量远,两管之间应设置隔板,以增加油液循环的距

离，使油液有足够的时间分离气泡，消散热量。隔板的高度约为油箱内最低油面高度的 2/3。吸油管离油箱底距离大于吸油管直径 $D$ 的 2 倍，距油箱壁不小于 $3D$。回油管的管端切成 $45°$，且面向箱壁。

（2）为防止油液被污染，油箱上各盖板、管口处都要妥善密封，注油器上要加过滤网，通气上也需装空气滤清器，且其容量至少应为液压泵额定流量的 2 倍。

（3）为了易于散热和便于对油箱进行搬移和维护保养，箱底离地至少应在 150 mm 以上。箱底应适当倾斜，在最低部位处设置堵塞或放油阀，以便排放污油。箱体上注油口应设在便于操作的地方，在其近旁设置液位计。过滤器的安装位置应便于装卸。油箱应便于清洗。

（4）油箱中如要安装热交换器，必须考虑好它的安装位置，以及测温、控制等措施。

（5）分离式油箱用钢板焊成。钢板厚度视油箱容量而定，建议 100 L 容量的油箱取 1.5 mm，400 L 以下的取 3 mm，400 L 以上的取 6 mm。箱底厚度应大于箱壁，箱盖厚度应为箱壁的 4 倍。当液压泵、驱动电动机以及其他液压件都要装在油箱上时，箱盖要相应加厚。大容量的油箱要加焊角板、筋条，以增加其刚性。

（6）油箱内壁应涂耐油防锈涂料。外壁如涂上一层极薄的黑漆（厚度不超过 0.025 mm），会有很好的辐射散热效果。铸造的油箱内壁一般仅作喷砂处理，不涂漆。

### 4. 过滤器的选择

选择过滤器时，主要考虑过滤器的通流能力、过滤精度和承压能力。过滤器的通流能力一般应为液压泵流量的两倍以上。过滤器的过滤精度主要取决于液压系统所用元件的类型、系统工作压力的高低以及过滤器的安装位置。选择过滤器的过滤精度时，可参照表 3-11～表 3-13。过滤器的承压能力与过滤器的结构形式、滤芯材质等有关。可按第二章所述原则进行选择。此外，选用过滤器时还应考虑以下几点：

（1）过滤器应能在较长时间内保持足够的通流能力。

（2）滤芯有足够的强度，不因液压作用而损坏。

（3）滤芯抗腐性好，能在规定温度下持久工作。

（4）当过滤器通流能力过低时，能自动显示或报警。

（5）滤芯清洗和更换方便。

#### 表 3-11 液压元件的过滤精度要求

| 元件类型 | 过滤精度 | 元件类型 | 过滤精度 |
| --- | --- | --- | --- |
| 齿轮泵、齿轮马达 | 50 | 调速阀 | 10～15 |
| 叶片泵、叶片马达 | 30 | 比例阀 | 10 |
| 柱塞泵、柱塞马达 | 20 | 低增益伺服阀 | 10 |
| 液压缸 | 50 | 高增益伺服阀 | 5 |
| 溢流阀 | 10～15 | | |

表 3-12　液压系统压力过滤精度要求

| 系统类型 | 一般系统 | | | 伺服系统 |
|---|---|---|---|---|
| 系统压力/Mpa | <4 | 14～35 | >35 | 21 |
| 过滤精度 | 20～50 | 10～25 | <10 | <5 |

表 3-13　安装部位过滤精度要求

| 安装部位 | 液压泵吸入口 | 压力管路 | | | | 回油管路 |
|---|---|---|---|---|---|---|
| | | 低压 | 中低压 | 中高压 | 高压 | |
| 过滤精度 | 80～120 | 30～50 | 20～40 | 15～25 | 10～15 | 50～100 |

### 5. 液压辅件的计算与选用

#### 1）热交换器的计算与选用

若经验算，液压系统依靠油箱、管道等自然冷却不能使油温控制在工作所要求的范围时，系统应设置冷却器。冷却器的散热面积可按相关公式计算。然后，根据所需的散热面积查阅有关技术手册或产品样本选择其形式。

若因环境温度过低而不能启动液压泵或液压系统无法正常工作时，需安装加热器。加热器可设在油箱内，也可串联在油路上。加热器所需的功率应按照系统油液的容积、工作温度与环境温度之差、加热时间等进行计算。

#### 2）管件的计算与选用

油管的内径和壁厚按有关公式计算后，根据有关标准圆整后选取。管接头的名义尺寸与油管相同，其规格和品种可查阅有关技术手册或产品样本得到。

## 四、液压控制元件的选用与设计

一个设计良好的液压系统应尽可能多地由标准液压控制元件组成，使自行设计的专用液压控制元件减少到最低限度。但是，有时因某种特殊需要，必须自行设计专用液压控制元件时，可参阅有关液压元件设计的书籍或资料。这里主要介绍液压控制元件的选用。

选择液压控制元件的主要依据和应考虑的问题见表 3-14。其中最大流量必要时允许短期超过额定流量的 20%，否则会引起发热、噪声、压力损失等问题的加重和阀性能的下降。此外，选择阀时还应注意下列问题：结构形式、特性、压力等级、连接方式、集成方式及操纵方式等。

表 3-14　选择液压控制元件的主要依据和应考虑的问题

| 液压控制元件 | 主要依据 | 应考虑的问题 |
|---|---|---|
| 压力控制阀 | 阀所在油路的最大工作压力和通过该阀的最大实际流量 | 压力调节范围、流量变化范围、所要求的压力灵敏度和平稳性等 |
| 流量控制阀 | | 流量调节范围、流量-压力特征、最小稳定流量、压力与温度的补偿要求、对工作介质清洁度的要求、阀进出口压差的大小以及阀的内泄漏大小等 |
| 方向控制阀 | | 性能特点、换向频率、响应时间、阀口压力损失的大小以及阀的内泄漏大小等 |

**1. 溢流阀的选择**

直动式溢流阀的响应快，一般宜作制动阀、安全阀用；先导式溢流阀的启闭特性好，宜作调压阀、背压阀用。二级同心的先导式溢流阀的泄漏量比三级同心的要小，故在保压回路中常被选用。先导式溢流阀的最低调定压力一般只能在 $0.5 \sim 1.0$ MPa 范围内。溢流阀的流量应按液压泵的最大流量选取，并应注意其允许的最小稳定流量，一般来说，最小稳定流量为额定流量的 15% 以上。

**2. 流量阀的选择**

一般中、低压流量阀的最小稳定流量为 $50 \sim 100$ mL/min；高压流量阀为 $2.5 \sim 20$ L/min。流量阀的进出口需要有一定的压差，高精度流量控制阀需约 1 MPa 的压差。

要求工作介质温度变化对液压执行元件运动速度影响小的系统，可选用温度补偿型调速阀。

**3. 换向阀的选择**

（1）按通过阀的流量来选择结构形式。一般来说，流量在 190 L/min 以上时宜用二通插装阀；190 L/min 以下时可采用滑阀型换向阀。流量在 70 L/min 以下时可用电磁换向阀，否则需用电液换向阀。

（2）按换向性能等来选择电磁铁类型。交、直流电磁铁性能比较见表 3-15。

**表 3-15 交、直流电磁铁性能比较**

| 性　　能 | 形　　式 | | 性　　能 | 形　　式 | |
|---|---|---|---|---|---|
| | 交　流 | 直　流 | | 交　流 | 直　流 |
| 响应时间/ms | 30 | 70 | 寿命 | 几百万次 | 几千万次 |
| 换向频率/(次/min) | 60 | 120 | 价格 | 较便宜 | 较贵 |
| 可靠性 | 阀芯卡死时，线圈易绕坏 | | | | |

直流湿式电磁铁寿命长、可靠性高，故应尽可能选用直流湿式电磁换向阀。在某些特殊场合，还要选用安全防爆型、耐压防爆型、无冲击型以及节能型等电磁铁。

（3）按系统要求选择滑阀机能。三位换向阀的滑阀机能及其性能特点见有关资料。

**4. 单向阀及液控单向阀的选择**

应选择开启压力小的单向阀；开启压力较大($0.3 \sim 0.5$ MPa)的单向阀可作背压阀用。外泄式液控单向阀与内泄式的相比，其控制压力低，工作可靠，选用时可优先考虑。

## 五、液压系统密封装置的选用与设计

在液压传动中，液压元件和系统的密封装置用来防止工作介质的泄漏及外界灰尘和异物的侵入。工作介质的泄漏会给液压系统带来调压不高、效率下降及污染环境等诸多问题，从而损坏液压技术的声誉；外界灰尘和异物的侵入则对液压系统造成污染，是导致系统工作故障的主要原因。所以，在液压系统的设计过程中，必须正确设计和合理选用密封装置和密封元件，以提高液压系统的工作性能和使用寿命。

**1. 影响密封性能的因素**

密封性能的好坏与很多因素有关，包括：密封装置的结构与形式；密封部位的表面加工质量与密封间隙的大小；密封件与接合面的装配质量与偏心程度；工作介质的种类、特性和黏度；工作温度与工作压力；密封接合面的相对运动速度。

**2. 密封装置的基本设计要求和设计要点**

1）密封装置的基本设计要求

（1）密封性能良好，并能随着工作压力的增大自动提高其密封性能。

（2）所选用的密封件应物性稳定，使用寿命长。

（3）密封装置的动、静摩擦系数要小而稳定，且耐磨。

（4）工艺性好，维修方便，价格低廉。

2）密封装置的设计要点

（1）明确密封装置的使用条件和工作要求，如负载情况、压力高低、速度大小及其变化范围、使用温度、环境条件及对密封性能的具体要求等。

（2）根据密封装置的使用条件和工作要求，正确选用密封结构并合理选择密封件。

（3）根据工作介质的种类，合理选用密封材料。

（4）对于在尘埃严重的环境中使用的密封装置，还应选用或设计与主密封相适应的防尘装置。

（5）所设计的密封装置应尽可能符合国家有关标准的规定并选用标准密封件。

提示：密封装置及密封件的选用和设计见相关手册。

# 第四章　液压系统的性能验算

## 一、液压系统压力损失的验算

在确定液压泵的最高工作压力时提及压力损失，当时由于系统还没有完全设计完毕，管道的设置也没有确定，因此只能作粗略的估算。现在液压系统的元件、安装形式、油管和管接头均已确定下来了，所以需要验算一下管路系统的总压力损失，看其是否在假设的范围内，借此可以较准确地确定泵的工作压力，较准确地调节变量泵或溢流阀，保证系统的工作性能。

若计算结果与前设压力损失相差较大，则应对原设计进行修正。具体的方法是将计算出来的压力损失代替原假设值按以下情况重算系统的压力：

（1）当执行元件为液压缸时：

$$p_P \geqslant \frac{F}{A_1 \eta_{cm}} + \frac{A_2}{A_1} \Delta p_2 + \Delta p_1 \qquad (4-1)$$

式中：

$F$——作用在液压缸上的外负载；

$A_1$、$A_2$——分别为液压缸进、回油腔的有效面积；

$\Delta p_1$、$\Delta p_2$——进、回油管路的总的压力损失；

$\eta_{cm}$——液压缸的机械效率。

计算时要注意，快速运动时液压缸上的外负载小，管路中流量大，压力损失也大；慢速运动时，外负载大，流量小，压力损失也小，所以应分别进行计算。

计算出的系统压力值应小于有一定压力储备的液压泵，否则就应另选额定压力较高的液压泵，或者采用其他方法降低系统的压力，如增大液压缸直径等方法。

（2）当执行元件为液压马达时：

$$p_P = \frac{2\pi T}{V \eta_{Mm}} + \Delta p_1 + \Delta p_2 \qquad (4-2)$$

## 二、液压系统发热温升的验算

液压系统在工作时由于存在着各种各样的机械损失、压力损失和流量损失，这些损失大都转变为热能，使系统发热、油温升高。油温升高过多会造成系统的泄漏增加、运动件的动作失灵、油液变质、缩短橡胶密封圈的寿命等不良后果，所以为了使液压系统保持正常工作，应使油温保持在允许的范围之内。

系统中产生热能的元件主要有液压缸、液压泵、溢流阀和节流阀，散热的元件主要是油箱，系统经一段时间后，发热与散热会相等，即达到热平衡，不同的设备在不同的情况下，达到热平衡的温度也不一样，所以必须进行验算。

**1. 系统发热量的计算**

在单位时间内液压系统的发热量为

$$H = P(1-\eta) \tag{4-3}$$

式中：

$P$——液压泵的输出功率(kW)；

$\eta$——液压系统的总效率，它等于液压泵的效率 $\eta_P$、回路的效率 $\eta_c$ 和液压执行元件的效率 $\eta_M$ 的乘积，即

$$\eta = \eta_P \eta_c \eta_M \tag{4-4}$$

**2. 系统散热量的计算**

单位时间内油箱的散热量为

$$H_0 = hA\Delta t \tag{4-5}$$

式中：

$A$——油箱的散热面积($m^2$)；

$\Delta t$——系统温升(℃)；

$h$——散热系数[kW/($m^2$·℃)]，不同情况下 $h$ 不同。

**3. 系统热平衡温度的验算**

当液压系统达到热平衡时，有 $H_0 = H$，即

$$\Delta t = \frac{H}{hA} \tag{4-6}$$

当油箱的三个边长之比在 1∶1∶1 到 1∶2∶3 范围内，且油位是油箱高度的 0.8 倍时，散热面积近似为

$$A = 0.065 \sqrt[3]{V^2} \tag{4-7}$$

式中：

$V$——油箱有效容积(L)；

$A$——散热面积($m^2$)。

由式(4-6)计算出的 $\Delta t$＋环境温度应不超过油液的最高允许温度，否则应采取进一步的散热措施。

# 第五章 绘制工作图和编写技术文件

## 一、绘制工作图

### 1. 液压系统原理图

液压系统原理图上除画出整个系统的回路之外,还应注明各元件的规格、型号、压力调整值,并给出各执行元件的工作循环图,列出电磁铁及压力继电器的动作顺序表。

组成液压系统工作原理图的多个相关液压元件的图形符号,均按国家标准 GB/T 786.1—1993《液压及气动图形符号》画出。下面以组合机床动力滑台液压系统为例,说明液压系统原理图的绘制,绘图工具为 AutoCAD。

组合机床动力滑台液压系统的组成元件如表 5-1 所示。

表 5-1 液压元件明细表

| 数量 | 序号 | 型号 | 名 称 |
|---|---|---|---|
| 1 | 15 | DP | 压力继电器 |
| 1 | 14 | 22E-25B | 二位二通阀 |
| 1 | 13 | Q-25B | 调速阀 |
| 1 | 12 | Q-25B | 调速阀 |
| 1 | 11 | 22C-25B | 二位二通阀 |
| 1 | 10 | I-25B | 单向阀 |
| 1 | 9 | I | 单向阀 |
| 1 | 8 | | 油箱 |
| 1 | 7 | XY-25B | 液控式直动顺序阀 |
| 1 | 6 | Y-25B | 直动式溢流阀 |
| 1 | 5 | 34EY-25B | 电液换向阀 |
| 1 | 4 | | 单杆双作用缸 |
| 1 | 3 | I-25B | 单向阀 |
| 1 | 2 | YB1 | 单向变量泵 |
| 1 | 1 | | 过滤器 |
| 1 | | | 油箱 |

绘图组合机床动力滑台液压系统原理图的步骤如下：

(1) 绘制单向变量泵 2 的图形符号。

(2) 绘制过滤器 1 和油箱 8 的图形符号。

(3) 绘制单向阀 3 的图形符号。

(4) 绘制电液换向阀 5 的图形符号。

(5) 绘制液控式直动顺序阀 7 的图形符号。

(6) 绘制直动式溢流阀 6 的图形符号。

(7) 绘制单向阀 9 的图形符号。

(8) 绘制调速阀 12 和 13 的图形符号。

(9) 绘制二位二通电磁换向阀 14 的图形符号。

(10) 绘制单向阀 10 的图形符号。

(11) 绘制二位二通机动换向阀 11 的图形符号。

(12) 绘制压力继电器 15 的图形符号。

(13) 绘制杆固定式单杆双作用液压缸 4 的图形符号。

(14) 绘制原理图的标题栏和明细表。

(15) 完成液压系统原理图。

最后，绘制完成的液压系统原理图如图 5-1 所示。

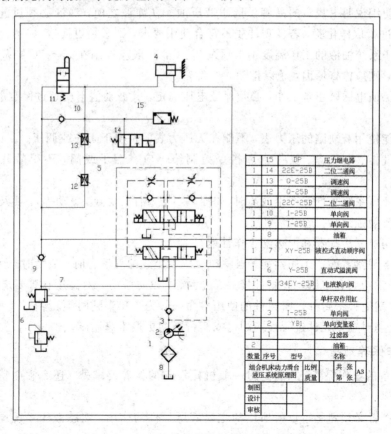

| 1 | 15 | DP | 压力继电器 |
|---|----|------|--------|
| 1 | 14 | 22E-25B | 二位二通阀 |
| 1 | 13 | Q-25B | 调速阀 |
| 1 | 12 | Q-25B | 调速阀 |
| 1 | 11 | 22C-25B | 二位二通阀 |
| 1 | 10 | I-25B | 单向阀 |
| 1 | 9 | I-25B | 单向阀 |
| 1 | 8 | | 油箱 |
| 1 | 7 | XY-25B | 液控式直动顺序阀 |
| 1 | 6 | Y-25B | 直动式溢流阀 |
| 1 | 5 | 34EY-25B | 电液换向阀 |
| 1 | 4 | | 单杆双作用缸 |
| 1 | 3 | I-25B | 单向阀 |
| 1 | 2 | YB1 | 单向变量泵 |
| 1 | 1 | | 过滤器 |
| 2 | | | 油箱 |
| 数量 | 序号 | 型号 | 名称 |

| 组合机床动力滑台<br>液压系统原理图 | 比例 | | 共 张<br>第 张 | A3 |
|---|---|---|---|---|
| | 质量 | | | |
| 制图 | | | | |
| 设计 | | | | |
| 审核 | | | | |

图 5-1　组合机床动力滑台液压系统原理图

**2. 集成油路装配图或板式连接、叠加阀连接的装配图**

若选用油路板，则应将各元件画在油路板上，便于装配；若采用集成块或叠加阀，因有通用件，则设计者只需选用，最后将选用的产品组合起来绘制成装配图。

**3. 画出非标准专用件的装配图及零件图**

绘制液压缸装配图及液压缸缸筒、活塞的零件图。

**提示**：非标准专用件的装配图及零件图参考相关液压传动设计手册。

## 二、编写技术文件

技术文件一般包括液压系统设计计算说明书，液压系统的使用及维护技术说明书，零部件目录表，标准件、通用件及外购件总表等。液压系统的使用及维护要求示例如下：

**1. 使用维护要求**

为了保证液压设备能达到预定的生产能力和稳定可靠的技术性能，对液压设备必须做到熟练操作、合理调整、精心保养和计划检修。液压设备在使用时有下列要求：

（1）按设计规定和工作要求，合理调节液压系统的工作压力和工作速度。当压力阀和调速阀调节到所要求的数值后，应将调节螺钉紧固牢靠，以防松动。对设有锁紧件的元件，调节后应把调节手柄锁住。

（2）按使用说明书规定的品牌号选用液压油。在加油之前，油液必须过滤。同时，要定期对油质进行取样化验，若发现油质不符合使用要求，则必须更换。

（3）液压系统油液的工作温度不得超过 80 ℃，一般应控制在 35～70 ℃范围内。若超过规定范围，则应检查原因，予以排除。

（4）要保证电磁阀正常工作，必须保证电压稳定，其波动值不应超过额定电压的 5%～15%。

（5）不能使用有缺陷的压力表，不能在无压力表的情况下工作或调压。

（6）电气柜、电气盒、操作台和指令控制箱等应有盖子或门，不得敞开使用，以免积污。

（7）当液压系统某部位产生故障时（如油压不稳、油压太低、震动等），要及时分析原因并处理，不要勉强运转，造成大事故。

（8）定期检查冷却器和加热器工作性能。

（9）经常观察蓄能器工作性能，当发现气压不足或油气混合时，应及时充气和修理。

（10）经常检查和定期紧固管件接头、法兰等，以防松动。对高压软管要定期更换。

（11）定期更换密封件。密封件的使用寿命一般为一年半到两年。

（12）定期对主要元件进行性能测定或实行定期更换维修制度。

**2. 操作保养规程**

液压设备的操作保养，除满足对一般机械设备的保养要求外，还有它的特殊要求，其内容如下：

（1）操作者必须熟悉本设备所用的主要液压元件的作用，熟悉液压系统原理，掌握系统动作顺序。

（2）操作者要经常监视液压系统工作状况，观察工作压力和速度，检查油缸或油马达情况，以保证液压系统工作稳定可靠。

（3）在开动设备前，应检查所有运动机构主电磁阀是否处于原始状态，检查油箱油位。若发现异常或油量不足，则不得启动液压泵电机，并找维修人员进行处理。

（4）冬季当油箱内油温未达到 20 ℃时，各执行机构不得开始按顺序工作，而只能启动液压泵电机使液压泵空运转。夏季当油箱内油温高于 70 ℃时，要注意液压系统工作状况，并通知维修人员进行处理。

（5）停机 4 h 以上的液压设备，在开始工作前，应先启动液压泵电机 5～10 min（泵进行空运转），然后才能带压力工作。

（6）操作者不得损坏电气系统的互锁装置；不得用手推动电控阀；不得损坏或任意移动各限位开关的位置。

（7）未经主管部门同意，操作者不得对各液压元件私自调节或拆换。

（8）当液压系统出现故障时，操作者不得私自乱动，应立即报告维修部门。维修部门有关人员应速到现场，对故障原因进行分析并排除。

（9）液压设备应经常保持清洁，防止灰尘、棉纱等杂物进入油箱。

（10）操作者要按设备点检卡规定的部位和项目进行认真点检。

# 第六章　液压系统设计计算举例

液压系统设计计算是液压传动课程设计的主要内容，包括明确设计要求进行工况分析、确定液压系统主要参数、拟定液压系统原理图、计算和选择液压件以及验算液压系统性能等。现以一台卧式单面多轴钻孔组合机床动力滑台液压系统为例，介绍液压系统的设计计算方法。

## 一、设计要求

现设计卧式单面多轴钻孔组合机床，要求液压系统完成的工作循环是：工件夹紧(双缸)→动力滑台快进→动力滑台工进→动力滑台快退→动力滑台停止→工件松开。

主要性能参数与性能要求如下：最大切削力 $F_L=30468$ N；运动部件所受重力 $G=9800$ N；快进、快退速度 $v_1=v_3=0.1$ m/s，工进速度 $v_2=0.88\times10^{-3}$ m/s；快进行程 $L_1=100$ mm，工进行程 $L_2=50$ mm；往复运动的加速时间 $\Delta t=0.2$ s；动力滑台采用平面导轨，静摩擦系数 $\mu_s=0.2$，动摩擦系数 $\mu_d=0.1$。夹紧缸的行程为 20 mm，夹紧力为 30000 N，夹紧时间为 1 s。

## 二、负载与运动分析

### 1. 工作负载

工作负载为最大切削力，即 $F_L=30468$ N。

### 2. 摩擦负载

摩擦负载为平面导轨的摩擦阻力，包括：

静摩擦阻力：

$$F_{fs}=\mu_s G=0.2\times9800=1960(\text{N})$$

动摩擦阻力：

$$F_{fd}=\mu_d G=0.1\times9800=980(\text{N})$$

### 3. 惯性负载

$$F_a=\frac{G\Delta v}{g\Delta t}=\frac{9800}{9.8}\times\frac{0.1}{0.2}=500(\text{N})$$

### 4. 运动时间

快进时间：

$$t_1=\frac{L_1}{v_1}=\frac{100\times10^{-3}}{0.1}=1(\text{s})$$

工进时间：

$$t_2=\frac{L_2}{v_2}=\frac{50\times10^{-3}}{0.88\times10^{-3}}=56.8(\text{s})$$

快退时间：

$$t_3 = \frac{L_1 + L_2}{v_3} = \frac{(100 + 50) \times 10^{-3}}{0.1} = 1.5 \,(\text{s})$$

设液压缸的机械效率 $\eta_{cm} = 0.9$，则液压缸各工作阶段的负载和推力见表 6-1。

**表 6-1  液压缸各阶段的负载和推力**

| 工况 | 负载组成 | 液压缸负载 $F$/N | 液压缸推力 $F_0 (= F/\eta_{cm})$/N |
|---|---|---|---|
| 启　动 | $F = F_{fs}$ | 1960 | 2180 |
| 加　速 | $F = F_{fd} + F_a$ | 1480 | 1650 |
| 快　进 | $F = F_{fd}$ | 980 | 1090 |
| 工　进 | $F = F_{fd} + F_L$ | 31448 | 34942 |
| 反向启动 | $F = F_{fs}$ | 1960 | 2180 |
| 加　速 | $F = F_{fd} + F_a$ | 1480 | 1650 |
| 快　退 | $F = F_{fd}$ | 980 | 1090 |

根据液压缸在各阶段内的负载和运动时间，即可绘制出负载循环图和速度循环图，如图 6-1 所示。

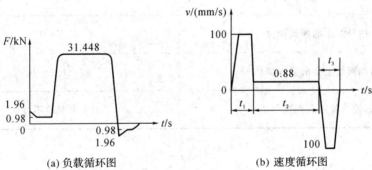

| (a) 负载循环图 | (b) 速度循环图 |
|---|---|

图 6-1  负载循环图和速度循环图

## 三、确定液压系统主要参数

### 1. 初选液压缸工作压力

所设计的动力滑台在工进时负载最大，其他工况负载都不太高，参考表 6-2 和表 6-3，初选液压缸的工作压力 $p_1 = 4$ MPa。

**表 6-2  按负载选择工作压力**

| 负载/kN | <5 | 5~10 | 10~20 | 20~30 | 30~50 | >50 |
|---|---|---|---|---|---|---|
| 工作压力/MPa | <0.8~1 | 1.5~2 | 2.5~3 | 3~4 | 4~5 | ≥5 |

表 6 - 3　各种机械常用的系统工作压力

| 机械类型 | 机床 | | | | 农业机械<br>小型工程机械<br>建筑机械<br>液压凿岩机 | 液压机<br>大中型挖掘机<br>重型机械<br>起重运输机械 |
|---|---|---|---|---|---|---|
| | 磨床 | 组合机床 | 龙门刨床 | 拉床 | | |
| 工作压力/MPa | 0.8～2 | 3～5 | 2～8 | 8～10 | 10～18 | 20～32 |

## 2. 计算液压缸主要尺寸

1) 液压动力滑台的液压缸内径 $D$ 和活塞杆直径 $d$

由于动力滑台快进和快退速度相等,则液压缸可选用单活塞杆式差动液压缸($A_1 = 2A_2$),快进时液压缸差动连接。工进时为防止孔钻通时负载突然消失发生前冲现象,液压缸的回油腔应有背压,参考表 6 - 4,选背压为 $p_2 = 0.6$ MPa。

表 6 - 4　执行元件背压力

| 系 统 类 型 | 背压力/MPa |
|---|---|
| 简单系统或轻载节流调速系统 | 0.2～0.5 |
| 回油路带调速阀的系统 | 0.4～0.6 |
| 回油路设置有背压阀的系统 | 0.5～1.5 |
| 用补油泵的闭式回路 | 0.8～1.5 |
| 回油路较复杂的工程机械 | 1.2～3 |
| 回油路较短且直接回油 | 可忽略不计 |

由式

$$p_1 A_1 - p_2 A_2 = \frac{F}{\eta_{cm}}$$

得

$$A_1 = \frac{F}{\eta_{cm}\left(p_1 - \frac{p_2}{2}\right)} = \frac{31448}{0.9 \times \left(4 - \frac{0.6}{2}\right) \times 10^6} = 94 \times 10^{-4} \, (\text{m}^2)$$

则活塞直径为

$$D = \sqrt{\frac{4A_1}{\pi}} = \sqrt{\frac{4 \times 94 \times 10^{-4}}{\pi}} = 0.109 \, (\text{m}) = 109 \, (\text{mm})$$

参考表 6 - 5 及表 6 - 6,得 $d \approx 0.71D = 77$ mm,圆整后取标准数值得 $D = 110$ mm,$d = 80$ mm。由此求得液压缸两腔的实际有效面积为

$$A_1 = \frac{\pi D^2}{4} = \frac{\pi \times 0.11^2}{4} = 95 \times 10^{-4} \, (\text{m}^2)$$

$$A_2 = \frac{\pi}{4}(D^2 - d^2) = \frac{\pi}{4} \times (0.11^2 - 0.8^2) = 44.7 \times 10^{-4} \, (\text{m}^2)$$

**表 6-5 按工作压力选取 $d/D$**

| 工作压力/MPa | ≤5.0 | 5.0~7.0 | ≥7.0 |
|---|---|---|---|
| $d/D$ | 0.5~0.55 | 0.62~0.70 | 0.7 |

**表 6-6 按速比要求确定 $d/D$**

| $v_2/v_1$ | 1.15 | 1.25 | 1.33 | 1.46 | 1.61 | 2 |
|---|---|---|---|---|---|---|
| $d/D$ | 0.3 | 0.4 | 0.5 | 0.55 | 0.62 | 0.71 |

**注:** $v_1$ 为无杆腔进油时活塞运动速度;$v_2$ 为有杆腔进油时活塞运动速度。

根据计算出的液压缸的尺寸,可估算出液压缸在工作循环中各阶段的压力、流量和功率,如表 6-7 所列,由此绘制的液压缸工况图如图 6-2 所示。

**表 6-7 液压缸在各阶段的压力、流量和功率值**

| 工况 | | 推力 $F_0/\text{N}$ | 回油腔压力 $p_2/\text{MPa}$ | 进油腔压力 $p_1/\text{MPa}$ | 输入流量 $q \times 10^{-3}/(\text{m}^3/\text{s})$ | 输入功率 $P/\text{kW}$ | 计算公式 |
|---|---|---|---|---|---|---|---|
| 快进 | 启动 | 2180 | — | 0.43 | — | — | $p_1 = \frac{F_0 + A_2\Delta p}{A_1 - A_2}$ $q = (A_1 - A_2)v_1$ $P = p_1 q$ |
| | 加速 | 1650 | $p_1 + \Delta p$ | 0.77 | — | — | |
| | 恒速 | 1090 | $p_1 + \Delta p$ | 0.66 | 0.5 | 0.33 | |
| 工进 | | 34942 | 0.6 | 3.96 | $0.84 \times 10^{-2}$ | 0.033 | $p_1 = \frac{F_0 + p_2 A_2}{A_1}$ $q = A_1 v_2$ $P = p_1 q$ |
| 快退 | 启动 | 2180 | — | 0.49 | — | — | $p_1 = \frac{F_0 + p_2 A_1}{A_2}$ $q = A_2 v_3$ $P = p_1 q$ |
| | 加速 | 1650 | 0.5 | 1.43 | — | — | |
| | 恒速 | 1090 | 0.5 | 1.31 | 0.45 | 0.59 | |

**注:**(1) $\Delta p$ 为液压缸差动连接时,回油口到进油口之间的压力损失,取 $\Delta p = 0.5$ MPa。

(2) 快退时,液压缸有杆腔进油,压力为 $p_1$,无杆腔回油,压力为 $p_2$。

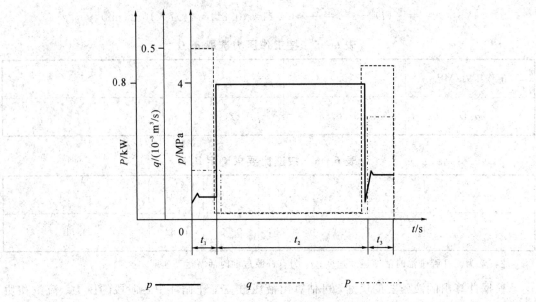

图 6-2 液压缸工况图

2) 夹紧液压缸内径 $D_夹$ 和活塞杆直径 $d_夹$

按照工作要求，夹紧力由两个夹紧缸提供，考虑到夹紧力的稳定问题，夹紧缸的工作压力应低于进给液压缸的工作压力，可取其工作压力为 2.5 MPa，回油背压力为零，$\eta_{cm}=0.95$，则按表 3-2 中的计算公式，有

$$D_夹=\sqrt{\frac{4\times\dfrac{30000}{2}}{3.14\times2.5\times10^6\times0.95}}=8.96\times10^{-2}(\mathrm{m})$$

按表 3-6、表 3-7 液压缸内径和活塞杆直径系列尺寸，取液压缸内径 $D_夹$ 和活塞杆直径 $d_夹$ 尺寸分别为 100 mm 及 70 mm。

图 6-3 所示为吊耳式液压缸装配图实例。图 6-4 所示为缸体零件图。图 6-5 所示为活塞零件图。

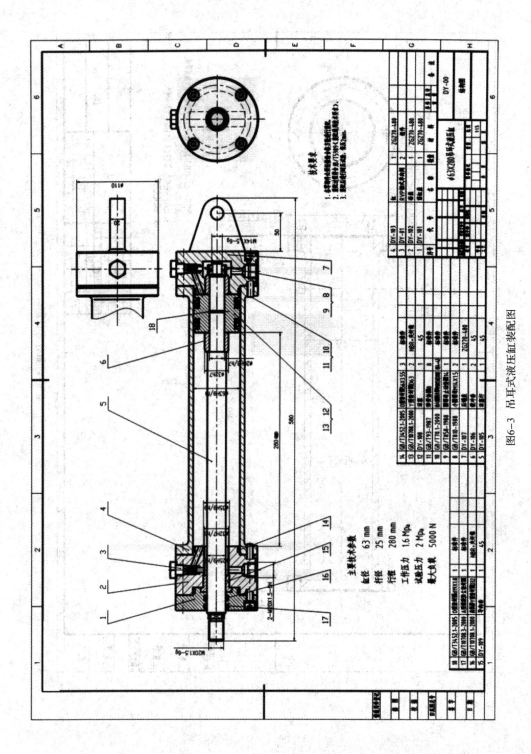

图6-3 吊耳式液压缸装配图

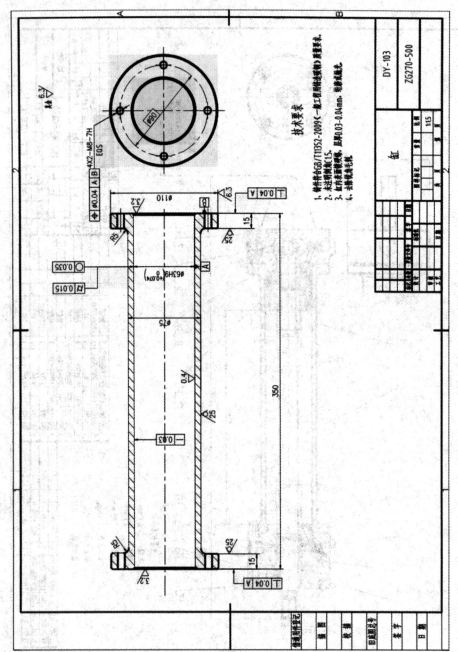

技术要求

1. 铸件符合GB/T11352-2009（一般工程用铸造碳钢）的技术要求。
2. 未注铸造圆角R5。
3. 缸内表面镀铬，厚度0.03-0.04mm，镀后抛光。
4. 去除锐边毛刺。

图6—4 缸体零件图

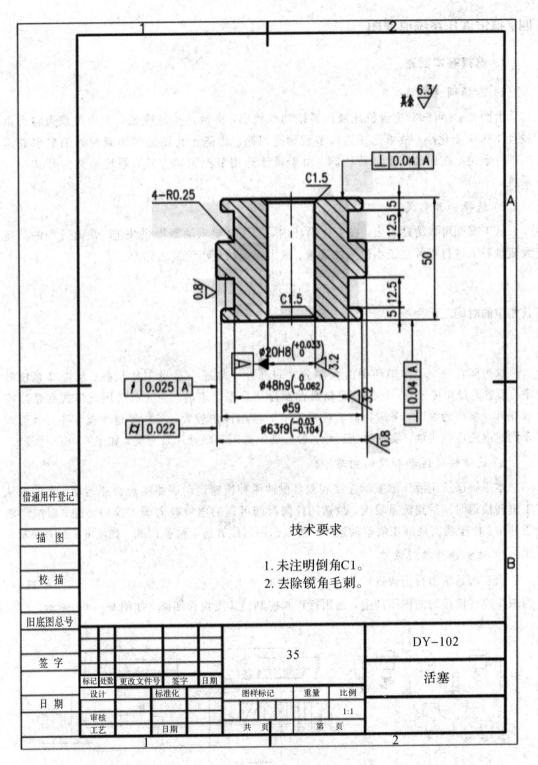

图 6-5 活塞零件图

### 四、拟定液压系统原理图

**1. 选择基本回路**

1）选择调速回路

由图 6-2 可知，这台机床液压系统功率较小，滑台运动速度低，工作负载为阻力负载且工作中变化小，故可选用进口节流调速回路。为防止孔钻通时负载突然消失引起运动部件前冲，在回油路上加背压阀。由于系统选用节流调速方式，系统必然为开式循环系统。

2）选择油源形式

从工况图可以清楚看出，在工作循环内，液压缸要求油源提供快进、快退行程的低压大流量和工进行程的高压小流量的油液。最大流量与最小流量之比为

$$\frac{q_{max}}{q_{min}} = \frac{0.5}{0.84 \times 10^{-2}} \approx 60$$

其相应的时间之比为

$$\frac{t_1 + t_3}{t_2} = \frac{1 + 1.5}{56.8} = 0.044$$

这表明在一个工作循环中的大部分时间都处于高压小流量工作状态。从提高系统效率、节省能量角度来看，选用单定量泵油源显然是不合理的，为此可选用限压式变量泵或双联叶片泵作为油源。考虑到前者流量突变时液压冲击较大，工作平稳性差，且后者可双泵同时向液压缸供油，实现快速运动，最后确定选用双联叶片泵方案，如图 6-6(a)所示。

3）选择快速运动和换向回路

本系统已选定液压缸差动连接和双泵供油两种快速运动回路实现快速运动。考虑到从工进转快退时回油路流量较大，故选用换向时间可调的电液换向阀式换向回路，以减小液压冲击。由于要实现液压缸差动连接，所以选用三位五通电液换向阀，如图 6-6(b)所示。

4）选择速度换接回路

由于本系统滑台由快进转为工进时，速度变化大（$v_1/v_2 = 0.1/(0.88 \times 10^{-3}) \approx 114$），为减少速度换接时的液压冲击，选用行程阀控制的速度换接回路，如图 6-6(c)所示。

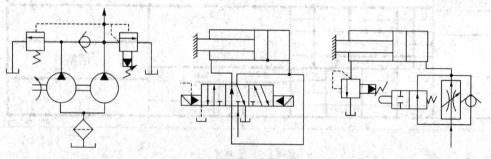

(a) 双联叶片泵方案　　(b) 三位五通电液换向阀方案　　(c) 行程阀控制的速度换接回路

图 6-6　选择的基本回路

5）选择调压和卸荷回路

在双泵供油的油源形式确定后，调压和卸荷问题都已基本解决。即滑台工进时，高压小流量泵的出口压力由油源中的溢流阀调定，无需另设调压回路。在滑台工进和停止时，低压大流量泵通过液控顺序阀卸荷，高压小流量泵在滑台停止时虽未卸荷，但功率损失较小，故可不需再设卸荷回路。

**2. 组成液压系统**

将选出的液压基本回路和工件夹紧的基本回路组合在一起，经修改完善即可得到完整的液压系统工作原理图，如图 6-7 所示。在图 6-7 中，工件夹紧时 3YA 应为失电状态，工件夹紧后主系统方可工作，为此，图中增设了压力继电器 19。为了解决滑台工进时进、回油路串通使系统压力无法建立的问题，增设了单向阀 6。为了避免机床停止工作时回路中的油液流回油箱，导致空气进入系统，影响滑台运动的平稳性，图中添置了单向阀 13。考虑到这台机床用于钻孔（通孔或盲孔）加工，对位置定位精度要求较高，以死挡块形式来实现，当滑台碰上死挡块（图中未画出）后，系统压力升高，图中增设的压力继电器 14 发出快退信号，操纵电液换向阀换向。

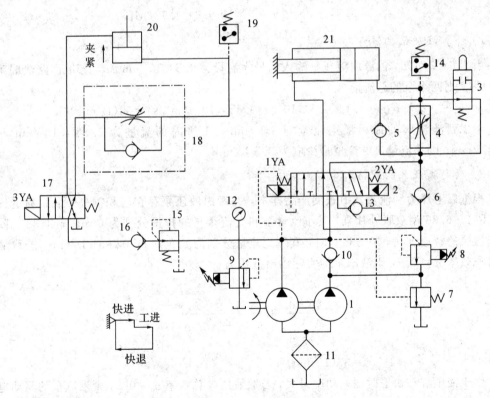

1—双联泵；2—电液换向阀；3—行程阀；4—调速阀；5、6、10、13、16—单向阀；
7—液控顺序阀；8、9—先导式溢流阀；11—滤油器；12—压力表；14、19—压力继电器；
15—减压阀；17—电磁换向阀；18—单向节流阀；20—夹紧缸；21—活塞杆固定的主液压缸

图 6-7　整理后的液压系统工作原理图

## 五、计算和选择液压件

### 1. 确定液压泵的规格和电动机功率

1) 计算液压泵的最大工作压力

小流量泵在快进和工进时都向液压缸供油，由表 6-7 可知，液压缸在工进时工作压力最大，最大工作压力为 $p_1 = 3.96$ MPa，如在调速阀进口节流调速回路中，选取进油路上的总压力损失 $\sum \Delta p = 0.6$ MPa，考虑到压力继电器的可靠动作要求压差 $\Delta p_e = 0.5$ MPa，则小流量泵的最高工作压力估算为

$$p_{P1} \geqslant p_1 + \sum \Delta p + \Delta p_e = 3.96 + 0.6 + 0.5 = 5.06 (\text{MPa})$$

大流量泵只在快进和快退时向液压缸供油，由表 6-7 可见，快退时液压缸的工作压力为 $p_1 = 1.43$ MPa，比快进时大。考虑到快退时进油不通过调速阀，故其进油路压力损失比前者小，现取进油路上的总压力损失 $\sum \Delta p = 0.3$ MPa，则大流量泵的最高工作压力估算为

$$p_{P2} \geqslant p_1 + \sum \Delta p = 1.43 + 0.3 = 1.73 (\text{MPa})$$

2) 计算液压泵的流量

由表 6-7 可知，油源向液压缸输入的最大流量为 $0.5 \times 10^{-3}$ m³/s，若取回路泄漏系数 $K = 1.1$，则两个泵的总流量为

$$q_P \geqslant K q_1 = 1.1 \times 0.5 \times 10^{-3} = 0.55 \times 10^{-3} (\text{m}^3/\text{s}) = 33 (\text{L/min})$$

考虑到溢流阀的最小稳定流量为 3 L/min，工进时的流量为 $0.84 \times 10^{-5}$ m³/s $= 0.5$ L/min，则小流量泵的流量最少应为 3.5 L/min。

3) 确定液压泵的规格和电动机功率

根据以上压力和流量数值查阅产品样本，并考虑液压泵存在容积损失，最后确定选取 PV2R12-6/33 型双联叶片泵。其小流量泵和大流量泵的排量分别为 6 mL/r 和 33 mL/r，当液压泵的转速 $n_P = 940$ r/min 时，其理论流量分别为 5.6 L/min 和 31 L/min，若取液压泵容积效率 $\eta_v = 0.9$，则液压泵的实际输出流量为

$$\begin{aligned} q_P &= q_{P1} + q_{P2} \\ &= \frac{6 \times 940 \times 0.9}{1000} + \frac{33 \times 940 \times 0.9}{1000} \\ &= 5.1 + 27.9 \\ &= 33 (\text{L/min}) \end{aligned}$$

由于液压缸在快退时输入功率最大，若取液压泵总效率 $\eta_P = 0.8$，则液压泵的驱动电动机功率为

$$P \geqslant \frac{p_P q_P}{\eta_P} = \frac{1.73 \times 10^6 \times 33 \times 10^{-3}}{60 \times 0.8 \times 10^3} = 1.19 (\text{kW})$$

根据此数值查阅产品样本，选用规格相近的 Y100L-6 型电动机，其额定功率为 1.5 kW，额定转速为 940 r/min。

### 2. 确定其他元件及辅件

1) 确定阀类元件及辅件

根据系统的最高工作压力和通过各阀类元件及辅件的实际流量，查阅产品样本，选出的阀类元件和辅件规格如表 6-8 所示。其中，溢流阀 9 按小流量泵的额定流量选取，调速阀 4 选用 Q-6B 型，其最小稳定流量为 0.03 L/min，小于本系统工进时的流量 0.5 L/min。

表 6-8　液压元件规格及型号

| 序号 | 元件名称 | 通过的最大流量 $q$/(L/min) | 规格 | | | |
|------|----------|--------------------------|------|------|------|------|
| | | | 型号 | 额定流量 $q_n$/(L/min) | 额定压力 $p_n$/MPa | 额定压降 $\Delta p_n$/MPa |
| 1 | 双联叶片泵 | — | PV2R12-6/33 | 5.1/27.9* | 16 | — |
| 2 | 三位五通电液换向阀 | 70 | 35DY-100BY | 100 | 6.3 | 0.3 |
| 3 | 行程阀 | 62.3 | 22C-100BH | 100 | 6.3 | 0.3 |
| 4 | 调速阀 | <1 | Q-6B | 6 | 6.3 | — |
| 5 | 单向阀 | 70 | I-100B | 100 | 6.3 | 0.2 |
| 6 | 单向阀 | 29.3 | I-100B | 100 | 6.3 | 0.2 |
| 7 | 液控顺序阀 | 28.1 | XY-63B | 63 | 6.3 | 0.3 |
| 8 | 背压阀 | <1 | B-10B | 10 | 6.3 | — |
| 9 | 溢流阀 | 5.1 | Y-10B | 10 | 6.3 | — |
| 10 | 单向阀 | 27.9 | I-100B | 100 | 6.3 | 0.2 |
| 11 | 滤油器 | 36.6 | XU-80×200 | 80 | 6.3 | 0.02 |
| 12 | 压力表开关 | — | K-6B | | | |
| 13 | 单向阀 | 70 | I-100B | 100 | 6.3 | 0.2 |
| 14 | 压力继电器 | — | PF-B8L | — | 14 | — |

＊：此为电动机额定转速为 940 r/min 时的流量。

2) 确定油管

在选定了液压泵后，液压缸在实际快进、工进和快退运动阶段的运动速度、时间以及进入和流出液压缸的流量，与原定数值不同，此时，各工况实际运动速度、时间和流量如表 6-9 所示。

表6-9 各工况实际运动速度、时间和流量

| 快进 | 工进 | 快退 |
|---|---|---|
| $q_1 = \dfrac{A_1(q_{P1}+q_{P2})}{A_1-A_2}$ $= \dfrac{95\times(5.1+27.9)}{95-44.7}$ $=62.3(\text{L/min})$ | $q_1 = 0.5(\text{L/min})$ | $q_1 = q_{P1}+q_{P2}$ $=5.1+27.9$ $=33(\text{L/min})$ |
| $q_2 = q_1\dfrac{A_2}{A_1}$ $=62.3\times\dfrac{44.7}{95}$ $=29.3(\text{L/min})$ | $q_2 = q_1\dfrac{A_2}{A_1}$ $=0.5\times\dfrac{44.7}{95}$ $=0.24(\text{L/min})$ | $q_2 = q_1\dfrac{A_2}{A_1}$ $=33\times\dfrac{95}{44.7}$ $=70(\text{L/min})$ |
| $v_1 = \dfrac{q_{P1}+q_{P2}}{A_1-A_2}$ $= \dfrac{(5.1+27.9)\times10^{-3}}{60\times(95-44.7)\times10^{-4}}$ $=0.109(\text{m/s})$ | $v_2 = \dfrac{q_1}{A_1}$ $= \dfrac{0.5\times10^{-3}}{60\times95\times10^{-4}}$ $=0.88\times10^{-3}(\text{m/s})$ | $v_3 = \dfrac{q_1}{A_2}$ $= \dfrac{33\times10^{-3}}{60\times44.7\times10^{-4}}$ $=0.123(\text{m/s})$ |
| $t_1 = \dfrac{100\times10^{-3}}{0.109}$ $=0.92(\text{s})$ | $t_2 = \dfrac{50\times10^{-3}}{0.88\times10^{-3}}$ $=56.8(\text{s})$ | $t_3 = \dfrac{150\times10^{-3}}{0.123}$ $=1.22(\text{s})$ |

由表6-9可以看出，液压缸在各阶段的实际运动速度符合设计要求。

根据表6-9中的数值，按表6-10推荐的管道内允许速度取 $v=4$ m/s，由式

$$d=\sqrt{\frac{4q}{\pi v}}$$

计算得与液压缸无杆腔和有杆腔相连的油管内径分别为

$$d_1=\sqrt{\frac{4q}{\pi v}}=\sqrt{\frac{4\times62.3\times10^{-3}}{60\times3.14\times4}}\times10^{-3}=18.2(\text{mm})$$

$$d_2=\sqrt{\frac{4q}{\pi v}}=\sqrt{\frac{4\times70\times10^{-3}}{60\times3.14\times4}}\times10^{-3}=19.3(\text{mm})$$

为了统一规格，按产品样本选取所有管子均为内径 20 mm、外径 28 mm 的 10 号冷拔钢管。

表 6-10 允许流速推荐值

| 管　道 | 推荐流速/(m/s) |
|---|---|
| 吸油管道 | 0.5~1.5，一般取 1 以下 |
| 压油管道 | 3~6，压力高，管道短，黏度小，取大值 |
| 回油管道 | 1.5~3 |

### 3. 确定油箱

油箱的容量按式

$$V = \alpha q_{\mathrm{P}n}$$

估算，其中 $\alpha$ 为经验系数，对于低压系统，$\alpha=2\sim4$；对于中压系统，$\alpha=5\sim7$；对于高压系统，$\alpha=6\sim12$。现取 $\alpha=6$，得

$$V = \alpha q_{\mathrm{P}n} = 6 \times (5.6 + 31) \approx 220 (\mathrm{L})$$

## 六、验算液压系统性能

### 1. 验算系统压力损失

由于系统管路布置尚未确定，所以只能估算系统压力损失。估算时，首先确定管道内液体的流动状态，然后计算各种工况下总的压力损失。现取进、回油管道长为 $l=2\ \mathrm{m}$，油液的运动黏度取 $\nu=1\times10^{-4}\ \mathrm{m^2/s}$，油液的密度取 $\rho=0.9174\times10^3\ \mathrm{kg/m^3}$。

1）判断流动状态

在快进、工进和快退三种工况下，进、回油管路中所通过的流量以快退时回油流量 $q_2=70\ \mathrm{L/min}$ 为最大，此时，油液流动的雷诺数为

$$R_{\mathrm{e}} = \frac{vd}{\nu} = \frac{4q}{\pi d \nu} = \frac{4\times70\times10^{-3}}{60\times\pi\times20\times10^{-3}\times1\times10^{-4}} = 743$$

也为最大。因为最大的雷诺数小于临界雷诺数（2000），故可推出：各工况下的进、回油路中油液的流动状态全为层流。

2）计算系统压力损失

层流流动状态沿程阻力系数为

$$\lambda = \frac{75}{R_{\mathrm{e}}} = \frac{75\pi d\nu}{4q} \tag{6-1}$$

油液在管道内的流速为

$$v = \frac{4q}{\pi d^2} \tag{6-2}$$

将式(6-1)和式(6-2)同时代入沿程压力损失计算公式：

$$\Delta p_1 = \lambda \frac{l}{d} \frac{v^2}{2} \rho$$

并将已知数据代入后，得

$$\Delta p_1 = \frac{4\times75\rho\nu l}{2\pi d^4}q = \frac{4\times75\times0.9174\times10^3\times1\times10^{-4}\times2}{2\times3.14\times(20\times10^{-3})^4}q = 0.5478\times10^8 q \tag{6-3}$$

由式(6-3)可见，沿程压力损失的大小与流量成正比，这是由层流流动所决定的。

在管道结构尚未确定的情况下，管道的局部压力损失 $\Delta p_\zeta$ 常按式(6-4)作经验计算：

$$\Delta p_\zeta = 0.1\Delta p_1 \tag{6-4}$$

各工况下的阀类元件的局部压力损失为

$$\Delta p_v = \Delta p_n \left(\frac{q}{q_n}\right)^2$$

其中：$\Delta p_n$ 由产品样本查出；$q_n$ 和 $q$ 的数值见表 6-8 和表 6-9。滑台在快进、工进和快退工

况下的压力损失计算如下：

(1) 快进。

滑台快进时，液压缸通过电液换向阀差动连接。在进油路上，油液通过单向阀 10、电液换向阀 2，然后与液压缸有杆腔的回油汇合通过行程阀 3 进入无杆腔。在进油路上，压力损失分别为

$$\sum \Delta p_{1i} = 0.5478 \times 10^8 q = 0.5478 \times 10^8 \times \frac{62.3 \times 10^{-3}}{60} \times 10^{-6}$$
$$= 0.05688 (\text{MPa})$$

$$\sum \Delta p_{\xi i} = \sum 0.1 \Delta p_{1i} = 0.1 \times 0.05688 = 0.005688 (\text{MPa})$$

$$\sum \Delta p_{vi} = 0.2 \times \left(\frac{27.9}{100}\right)^2 + 0.3 \times \left(\frac{33}{100}\right)^2 + 0.3 \times \left(\frac{62.3}{100}\right)^2$$
$$= 0.1647 (\text{MPa})$$

$$\sum \Delta p_i = \sum \Delta p_{1i} + \sum \Delta p_{\xi i} + \sum \Delta p_{vi} = 0.05688 + 0.005688 + 0.1647$$
$$= 0.2273 (\text{MPa})$$

在回油路上，压力损失分别为

$$\sum \Delta p_{1o} = 0.5478 \times 10^8 q = 0.5478 \times 10^8 \times \frac{29.3 \times 10^{-3}}{60} \times 10^{-6}$$
$$= 0.02675 (\text{MPa})$$

$$\sum \Delta p_{\xi o} = \sum 0.1 \Delta p_{1o} = 0.1 \times 0.02675 = 0.002675 (\text{MPa})$$

$$\sum \Delta p_{vo} = 0.3 \times \left(\frac{29.3}{100}\right)^2 + 0.2 \times \left(\frac{29.3}{100}\right)^2 + 0.3 \times \left(\frac{62.3}{100}\right)^2$$
$$= 0.1594 (\text{MPa})$$

$$\sum \Delta p_o = \sum \Delta p_{1o} + \sum \Delta p_{\xi o} + \sum \Delta p_{vo} = 0.02675 + 0.002675 + 0.1594$$
$$= 0.1888 (\text{MPa})$$

将回油路上的压力损失折算到进油路上去，便得出差动快速运动时总的压力损失为

$$\sum \Delta p = 0.2273 + 0.1888 \times \frac{44.7}{95} = 0.316 (\text{MPa})$$

(2) 工进。

滑台工进时，在进油路上，油液通过电液换向阀 2、调速阀 4 进入液压缸无杆腔，在调速阀 4 处的压力损失为 0.5 MPa。在回油路上，油液通过电液换向阀 2、背压阀 8 和大流量泵的卸荷油液一起经液控顺序阀 7 返回油箱，在背压阀 8 处的压力损失为 0.6 MPa。若忽略管路的沿程压力损失和局部压力损失，则在进油路上总的压力损失为

$$\sum \Delta p_i = \sum \Delta p_{vi} = 0.3 \times \left(\frac{0.5}{100}\right)^2 + 0.5 = 0.5 (\text{MPa})$$

可见，此值略小于估计值。

在回油路上总的压力损失为

$$\sum \Delta p_o = \sum \Delta p_{vo} = 0.3 \times \left(\frac{0.24}{100}\right)^2 + 0.6 + 0.3 \times \left(\frac{0.24 + 27.9}{63}\right)^2 = 0.66 (\text{MPa})$$

该值即为液压缸的回油腔压力 $p_2 = 0.66$ MPa，可见此值与初算时参考表 6-4 选取的背压

值基本相符。

按表 6-7 的公式重新计算液压缸的工作压力为

$$p_1 = \frac{F_0 + p_2 A_2}{A_1} = \frac{34942 + 0.66 \times 10^6 \times 44.7 \times 10^{-4}}{95 \times 10^{-4} \times 10^6} = 3.99 (\text{MPa})$$

此值略高于表 6-7 中的数值。

考虑到压力继电器的可靠动作要求压差 $\Delta p_e = 0.5$ MPa，则小流量泵的工作压力为

$$p_{P1} = p_1 + \sum \Delta p_i + \Delta p_e = 3.99 + 0.5 + 0.5 = 4.99 (\text{MPa})$$

此值与估算值基本相符，是调整溢流阀 10 的调整压力的主要参考数据。

（3）快退。

滑台快退时，在进油路上，油液通过单向阀 10、电液换向阀 2 进入液压缸有杆腔。在回油路上，油液通过单向阀 5、电液换向阀 2 和单向阀 13 返回油箱。在进油路上总的压力损失为

$$\sum \Delta p_i = \sum \Delta p_{vi} = 0.2 \times \left(\frac{27.9}{100}\right)^2 + 0.3 \times \left(\frac{33}{100}\right)^2 = 0.048 (\text{MPa})$$

此值远小于估计值，因此液压泵的驱动电动机的功率是足够的。

在回油路上总的压力损失为

$$\sum \Delta p_o = \sum \Delta p_{vo} = 0.2 \times \left(\frac{70}{100}\right)^2 + 0.3 \times \left(\frac{70}{100}\right)^2 + 0.2 \times \left(\frac{70}{100}\right)^2 = 0.343 (\text{MPa})$$

此值与表 6-7 的数值基本相符，故不必重算。

大流量泵的工作压力为

$$p_{P2} = p_1 \sum \Delta p_i = 1.43 + 0.048 \approx 1.48 (\text{MPa})$$

此值是调整液控顺序阀 7 的调整压力的主要参考数据。

## 2. 验算系统发热与温升

由于工进在整个工作循环中占 96%，所以系统的发热与温升可按工进工况来计算。在工进时，大流量泵经液控顺序阀 7 卸荷，其出口压力即为油液通过液控顺序阀的压力损失：

$$p_{P2} = \Delta p = \Delta p_n \left(\frac{q}{q_n}\right)^2 = 0.3 \times \left(\frac{27.9}{63}\right)^2 = 0.0588 (\text{MPa})$$

液压系统的总输入功率即为液压泵的输入功率：

$$P_r = \frac{p_{P1} q_{P1} + p_{P2} q_{P2}}{\eta_P}$$

$$= \frac{4.99 \times 10^6 \times \dfrac{5.1 \times 10^{-3}}{60} + 0.0588 \times 10^6 \times \dfrac{27.9 \times 10^{-3}}{60}}{0.8}$$

$$= 564.4 (\text{W})$$

液压系统输出的有效功率即为液压缸输出的有效功率：

$$P_e = F v_2 = 31448 \times 0.88 \times 10^{-3} = 27.7 (\text{W})$$

由此可计算出系统的发热功率为

$$H = P_r - P_c = 564.4 - 27.7 = 536.7 (\text{W})$$

由

$$T = \frac{H}{KA}$$

计算工进时系统中的油液温升，即

$$\Delta T = \frac{H}{0.065K \sqrt[3]{V^2}} = \frac{536.7}{0.065 \times 15 \times \sqrt[3]{220^2}} = 15(℃)$$

其中传热系数 $K = 15$ W/(m² · ℃)。

设环境温度 $T_2 = 25$ ℃，则热平衡温度为

$$T_1 = T_2 + \Delta T = 25 + 15 \leqslant [T_1] = 55(℃)$$

可见，油温在允许范围内，油箱散热面积符合要求，不必设置冷却器。